Monika Matschnig
Und PLÖTZLICH ist die KAMERA an …

W0058585

MONIKA MATSCHNIG

Und PLÖTZLICH ist die KAMERA an ...

Souverän wirken in Videokonferenzen, Webinaren & Co.

Externe Links wurden bis zum Zeitpunkt der Drucklegung des Buches geprüft.
Auf etwaige Änderungen zu einem späteren Zeitpunkt hat der Verlag keinen Einfluss.
Eine Haftung des Verlags ist daher ausgeschlossen.

Bibliografische Information der Deutschen Nationalbibliothek

Die Deutsche Nationalbibliothek verzeichnet diese Publikation in
der Deutschen Nationalbibliografie; detaillierte bibliografische Daten
sind im Internet über http://dnb.d-nb.de abrufbar.

ISBN 978-3-96739-063-6

Lektorat: Sabine Rock, Frankfurt a.M. | www.druckreif-rock.de
Umschlaggestaltung: Martin Zech Design, Bremen | www.martinzech.de
Titelfotos: chrisdorney/shutterstock
Lipik Stock Media/shutterstock
Fotos: Fotoprofile Katrin Bernhard, Neufahrn
Satz und Layout: Das Herstellungsbüro, Hamburg | www.buch-herstellungsbuero.de
Druck und Bindung: Salzland Druck, Staßfurt

Copyright © 2021 GABAL Verlag GmbH, Offenbach

Wir drucken in Deutschland.

www.gabal-verlag.de
www.gabal-magazin.de
www.facebook.com/Gabalbuecher
www.twitter.com/gabalbuecher
www.instagram.com/gabalbuecher

PEFC zertifiziert
Dieses Produkt stammt aus nachhaltig
bewirtschafteten Wäldern und kontrollierten
Quellen.
PEFC
PEFC/04-31-2251
www.pefc.de

Inhalt

Vorwort

Mich hat es im Coronajahr definitiv kalt erwischt. Am 10. März 2020 begann der Lockdown in Österreich, kurz darauf der in Deutschland, und dann ging es Schlag auf Schlag. Die ersten Beschränkungen in puncto Reiseverkehr traten in Kraft, sodass ich nicht mehr wie gewohnt zwischen meinen beiden Wohnorten pendeln konnte; und dann wurden meine Veranstaltungen nach und nach alle abgesagt. Ich konnte keine Vorträge mehr halten, keine Seminare anbieten, keine Beratungen und Präsenzcoachings durchführen. Ich war gefühlt arbeitslos. Mein anfänglicher Optimismus – »Ach, in einem Monat lebe ich wieder in meiner geliebten alten Welt« – erwies sich schnell als gravierender Irrtum.

Nach einer kurzen Phase des Rückzugs wuchs in mir der Wunsch, etwas Neues zu beginnen. Ich gebe zu, es dauerte ein bisschen, bis ich – als ausgewiesenes »Anti-Technik-Genie« – es wagte, in die virtuelle Welt einzutauchen. Doch nach und nach freundete ich mich mit der Vorstellung an, meine Vorträge, Coachings und Teile meiner Seminare auch digital anzubieten. So näherte ich mich mit größtem Respekt dieser Materie an, habe dabei ohne Zweifel vieles falsch gemacht, aber noch viel mehr aus diesen Erfahrungen und neu gewonnenen Kompetenzen gelernt.

Und natürlich hatte die Coronapandemie die Arbeitswelt nicht nur für mich nachhaltig verändert. Viele Menschen mussten von jetzt auf gleich von zu Hause aus arbeiten; Chefs mussten lernen, virtuell zu führen, um weiterhin den Teamgeist ihrer Leute zu stärken, sie zu motivieren und ihnen Orientierung zu geben. Virtuelle Führung – und damit verbunden neue Formate wie Townhall-Meetings, CEO-Talks, Videostatements, Mitarbeitermeetings im Netz und Impulsreferate per Video – ist zu einem unverzichtbaren Skill geworden. 2020 hatte ich einen regelrechten Boom an Coachinganfragen für eine angemessene Performance in der digitalen Welt. Geschäftsführer, Vorstände, Menschen aus dem C-Level-Bereich waren plötzlich verunsichert. Kein Wunder, die virtuelle Performance ist eine andere und will gekonnt sein.

All das hat mich in meinem Vorhaben, meine Dienstleistungen auch online anzubieten, weiter bestärkt. In Kombination mit meinem Fokus auf das Thema Körpersprache konnte ich mir innerhalb kürzester Zeit die wesentlichen virtuellen Kommunikations- und Präsentationstools erarbeiten und diese auch umsetzen. Und genau an diesen Erfahrungen und Erkenntnissen möchte ich Sie teilhaben lassen. Ich möchte Ihnen zeigen, wie es Ihnen gelingt, in Videokonferenzen, Webinaren und Videoaufnahmen eine gute Figur zu machen. Eines vorweg zur Beruhigung: Sie müssen kein Technikprofi werden, um sich in der virtuellen Welt gut zu präsentieren. Das werde auch ich niemals sein. Doch mithilfe kleiner, effektiver Tipps und Tricks – auch in Sachen Technik – können Sie bereits eine große Wirkung erzielen.

Und ich kann Ihnen auch Hoffnung machen, dass es einen Ausweg aus der »Zoom-Fatigue« gibt. Meine anfängliche Videokonferenz-Erschöpfung hat sich mittlerweile ins Gegenteil verkehrt: Inzwischen freue ich mich, dass ich meine Remotevorträge nun in meinem professionellen Studio zu Hause oder als Teil einer Hybridveranstaltung absolvieren kann. Ich freue mich zu sehen, dass Websessions bei den Teilnehmern fruchten, und ich freue mich, wenn die Coachingteilnehmer meiner digitalen Konferenzen um die eine oder andere Erkenntnis bereichert werden. Kurzum: Menschen voranzubringen, ihre Wirkung und Körpersprache zu professionalisieren, funktioniert auch virtuell!

Hätte mich jemand vor Corona davon überzeugen wollen, wäre ich äußerst kritisch gewesen. Aber ich wurde überzeugt. Eine überzeugende Wirkung gelingt auch auf digitalem Weg und kann auch Ihnen gelingen! In diesem Buch finden Sie alles, was Sie brauchen, um auf virtuellen Bühnen zu glänzen. Der Fokus liegt dabei auf Körpersprache, Wirkung und Performance.

Auf den folgenden Seiten erfahren Sie zunächst, was die Gründe dafür sind, dass die meisten Menschen die virtuelle Welt so ermüdend finden. Viele Faktoren führen hier zu einer nonverbalen Überforderung. Eine von vielen Besonderheiten audiovisueller Kommunikation, die Sie kennen sollten, bevor wir uns an die Umsetzung machen.

Im ersten Kapitel beschäftigen wir uns mit den Grundlagen einer überzeugenden virtuellen Präsenz. Dazu gehören neben dem richtigen Setting eine gute Vorbereitung sowie grundlegende rhetorische Ansätze. In Kapitel 2 verrate ich Ihnen, wie Sie von Kopf bis Fuß vor der Kamera überzeugend und souverän wirken und worauf Sie bei der Körpersprache Ihrer Gesprächspartner achten sollten.

Kapitel 3 soll zur Optimierung Ihrer digitalen Präsenz Ihr Mindset und Ihre innere Haltung stärken. Dort finden Sie zahlreiche Tipps, wie Sie mit Stress umgehen, mehr Gelassenheit entwickeln und digital empathischer agieren. Je mehr dieser Techniken Sie umsetzen, umso schneller werden Sie erkennen, dass virtuelle Kommunikationskanäle viele Vorteile bieten und der Austausch auf digitalem Weg viel Spaß machen kann. Genau das wünsche ich Ihnen. Und vergessen Sie nie: Wir wirken immer, die Frage ist nur WIE.*

Viel Spaß und viel Erfolg wünscht Ihnen
Ihre

Monika Matschnig

Monika Matschnig

---

* Mir ist es wichtig, dass sich Frauen, Männer und Diverse in diesem Buch gleichermaßen angesprochen fühlen. Dabei gehe ich mit dem Gendern eher spielerisch um; ich habe um der besseren Lesbarkeit willen auf Sternchen, Binnen-I etc. verzichtet und mich bemüht, wo immer es sich anbietet, eine neutrale Form zu verwenden.

Einleitung: Warum sind Videokonferenzen so anstrengend?

»I just want someone to talk to
And a little of that human touch
Just a little of that human touch …«
Bruce Springsteen, *Human Touch*

Das »Zoom-Gesicht« der Pandemiejahre 2020 und 2021 gehörte weder Bundeskanzlerin Angela Merkel noch Gesundheitsminister Jens Spahn und auch nicht RKI-Präsident Lothar Wieler. Das »Zoom-Gesicht« der Coronamonate waren Sie selbst. Selten haben wir uns selbst wohl so häufig auf dem Bildschirm zu sehen bekommen wie in dieser Zeit. Und für jede und jeden von uns war diese neue Erfahrung mit Sicherheit erst einmal befremdlich. Zwar sehen wir ein Gesicht, das uns schon sehr lange sehr vertraut ist, aber nicht in diesem Kontext. Immer ein wenig verzögert, oft unvorteilhaft ausgeleuchtet, mit blechern klingender Stimme – und dann liegt unser Fokus auch noch automatisch auf all den Details, die uns ohnehin stören: dunkle Augenringe, fahle Haut, vielleicht ein leichtes Doppelkinn und eine Frisur, die nie richtig sitzt. Auf einmal wurden uns ständig unsere ohnehin empfundenen Makel und Schwachstellen buchstäblich vor Augen geführt und wir mussten sie oft über Stunden hinweg studieren.

Kein Wunder, dass bei vielen das von Zukunftsforscher Gerd Leonhard skizzierte Szenario – »Wir müssen uns in der Zukunft viel mehr virtuell treffen! Online Konferenzen werden das neue Normal, und face to face wird der neue Luxus« – nicht gerade auf Begeisterung stößt. Wie steht es bei Ihnen? Sind Sie noch immer so euphorisch wie zu Beginn des Feldzuges der Videokonferenzen, als dieser Kanal noch neu und aufregend war? Oder empfinden Sie bereits einen gewissen Überdruss, was das virtuelle Kommunizieren betrifft?

Damit sind Sie keineswegs allein. Viele Menschen sehnen sich inzwischen wieder nach ein bisschen »Old-School-Praxis«, am besten einer Mischung aus Homeoffice und Unternehmenspräsenz. Schließlich sind wir Kontaktwesen und vereinsamen irgendwann alleine vor dem Bildschirm. Abgesehen davon, dass virtuelle Besprechungen um einiges anstrengender sind. Die Folge: Die bereits erwähnte Zoom-Fatigue (Fatigue: frz. für Ermüdung, Erschöpfung) macht sich breit. Wir sind ausgelaugt und erschöpft. Doch was sind die Hauptgründe für diesen psychischen und physischen Zustand?

Kontextverlust

Können Sie sich noch erinnern, wie es war, als Sie sich für Ihren aktuellen Job beworben haben? Es gab eine detaillierte Stellenbeschreibung, klare Leistungsanforderungen und eine bestimmte Unternehmenskultur. Ihnen wurde ein fester Arbeitsplatz in der Firma zugewiesen oder Sie haben Ihren Job im Außendienst erledigt. Auf jeden Fall haben Sie vom ersten Tag an eine bestimmte Rolle im gesamten Unternehmensablauf eingenommen.

Zu Hause, in den eigenen vier Wänden, haben Sie darüber hinaus noch andere Positionen inne. Sie erfüllen Ihre Rolle als Mutter oder Vater, als Lebenspartner oder als Single. Je nach Rolle verhalten Sie sich entsprechend: Im Unternehmen legen Sie natürlich ganz oder teilweise ein anderes Verhalten an den Tag als in Ihrem privaten Bereich. Doch was passiert nun in Homeoffice-Videokonferenzen? Ganz einfach: Der Kontext ist nicht mehr klar umrissen. Bereiche, die normalerweise stärker voneinander getrennt sind, vermischen sich plötzlich und Ihre unterschiedlichen sozialen Rollen tun das automatisch auch, denn Sie arbeiten in Ihrem privaten Umfeld.

Das Zusammenlegen dieser vormals getrennten Bereiche ist zwar in gewisser Weise praktisch (kein Arbeitsweg, Zeitersparnis etc.), kann aber auch problematisch sein. Stellen Sie sich vor, Sie gehen in ein Restaurant und treffen dort sowohl Ihre beste Freundin als auch Ihren Chef, Ihre Eltern und Ihre ehemalige Klassenlehrerin. Wie sollten Sie sich verhalten? Als Freund, Angestellter, Kind, ehemaliger Schüler? Das wäre ein permanenter Rollenwechsel und der ist energieraubend. Genau das passiert im Homeoffice. Sie müssen den ganzen Tag immer wieder von jetzt auf gleich zwischen Ihren Rollen als Mitarbeiter oder Elternteil bzw. Partner wechseln.

Gleichzeitig fällt Ihr gewohnter Rückzugsort weg. Früher kamen Sie nach Hause und konnten im Idealfall Ihre Arbeit komplett hinter sich lassen und wirklich abschalten. Nun ist Ihr Job auch in den eigenen vier Wänden dauerpräsent. Keine Frage: Wer schon vor der Pandemie regelmäßig im Homeoffice gearbeitet hat, tut sich jetzt natürlich leichter. Doch viele mussten und müssen sich diese notwendige Trennung von beruflich und privat erst antrainieren und dieses Aufbautraining ist anstrengend.

Kontaktverlust

Der Mensch ist von Natur aus ein Kontaktwesen. Berührungen sind die schnellste Art, Dankbarkeit, Sympathie und Zutrauen auszudrücken. Und auch subliminale, also unterschwellige Berührungen, die mein Gegenüber nicht bewusst wahrnimmt, sind ein wichtiges Kommunikationsmittel. Denken Sie nur an eine kurze Berührung am Arm, einen Handschlag, den Klaps auf die Schulter, ein Streicheln oder das Halten der Hand. Kein noch so mitfühlendes Wort kann so kräftig wirken wie eine echte Umarmung.

In Studien hat man festgestellt, dass Menschen zum Beispiel nach einem Händedruck eher bereit sind zu spenden. Die leichte Berührung des Gastes durch eine Servicekraft führt oft zu einem höheren Trinkgeld. Und als Kunde ist man eher bereit, ein Produkt zu testen oder einen Fragebogen auszufüllen, wenn im Vorfeld subliminale Berührungen zum Einsatz kommen. Der simple Grund: Berührungen sind etwas Lebensnotwendiges.

Unmenschlich

Kaiser Friedrich II. (1194–1250 n. Chr.) wagte ein Experiment und ließ einige Kinder ohne jegliche Zuneigung (lächeln, sprechen, streicheln) aufwachsen. Das Ziel war es, die Kinder auf diese Weise zur Ursprache zurückzuführen. Das Resultat: »Sie vermochten nicht zu leben ohne das Im-Arm-Liegen, das Körper-Wärme-Spüren, Händepatschen und das fröhliche Gesichterschneiden und die Koseworte ihrer Ammen«, hielt der Kaiser fest. (Heuser 2018)

Weder bewusste noch subliminale Berührungen – z. B. unter Kolleginnen und Kollegen – lassen sich mit ins Homeoffice nehmen. Was darüber hinaus verloren geht, sind die kurzen Gespräche zwischen Tür und Angel, am Kaffeeautomaten, vor und nach dem Meeting, in der Cafeteria oder im Lift. Dieser informelle Austausch, der enorm wichtig ist, um ein Zugehörigkeitsgefühl zu empfinden, schnell mal eine Frage zu klären oder gemeinsam eine zündende Idee zu entwickeln.

Der Soziologe Jo Reichertz bringt es auf den Punkt: »Die informelle Handlungsabstimmung, die in allen Organisationen von großer Bedeutung ist, leidet durch Telefon- und Videokonferenzen. Selbst wenn man versucht, in Videokonferenzen das Informelle zu simulieren (durch Pausen und das informelle Gespräch vorher und nachher), wird dennoch wegen des medialen Rahmens, der Aufzeichnungen prinzipiell ermöglicht, das Informelle zum Formellen. Damit verliert das Informelle seine Kraft – sowohl seine innovative wie seine integrierende« (2020).

Vor allem kreative und innovative Jobs leben von der Zusammenkunft und dem Austausch der einzelnen Teammitglieder und leiden entsprechend stärker unter den Einschränkungen des rein virtuellen Austauschs. Doch auch in anderen Branchen zeigt sich deutlich: Der komplette Verzicht auf physischen Kontakt zu anderen Kollegen, Kunden oder Partnern führt bei allen Beteiligten häufig zu einem Gefühl der Einsamkeit und Erschöpfung.

Feedbackverlust

In Videokonferenzen ist die Wahrnehmung der allgemeinen Stimmung stark eingeschränkt. Im Face-to-Face-Kontakt oder in Präsenzmeetings spürt man sofort die Atmosphäre. Es genügt ein Blick in die Runde, um die Stimmung der einzelnen Gesprächspartner zu erfühlen, denn Körperhaltung, Gestik und Mimik vermitteln ein klares Bild vom Zustand eines Menschen. Wie sitzt sie im Stuhl? Was strahlt ihr Gesichtsausdruck aus? Wie ist der Blickkontakt? Reagiert die Gesprächspartnerin mit einem Nicken oder einem Hochziehen der Augenbrauen? Wie ist die Gestik?

Alle kleinen und großen nonverbalen Signale geben Auskunft über die innere Haltung der anwesenden Personen, seien es Skepsis, Zustimmung oder Ablehnung. Unbewusst sammeln wir mit all unseren Sinnen Informationen über die Gesprächsteilnehmer. Wichtige Quellen, die in der virtuellen Welt nahezu komplett verloren gehen. Zwar finden auch im digitalen Austausch nonverbale Interaktionen statt, aber sie erscheinen uns ungewohnt und unnatürlich. In einer realen Konversation nehmen wir unbewusst und automatisch zahlreiche nonverbale Reaktionen wahr, um eine Situation besser einzuschätzen. Vor der Kamera fehlt uns dieses Feedback bzw. es ist sehr lückenhaft. Warum ist das so? Zum einen fällt es uns in der virtuellen Kommunikation schwerer, nonverbale Hinweise wie Gestik, Mimik, Körperhaltung zu lesen. Zum anderen achten wir aus diesem Grund noch stärker auf informative Zeichen und verwenden darauf viel Aufmerksamkeit und Energie.

Empathie- und Emotionsverlust

In virtuellen Konferenzen sehen wir lauter Gesichter in kleinen Boxen, erkennen aber trotzdem nicht, wie sich ein Gesprächspartner wirklich fühlt. Warum? Weil ein Gesichtsausdruck in diesem Format zu klein und kaum sichtbar ist. Noch dazu kommt es unweigerlich zu einer zeitlichen Verzögerung und unser Blickfeld auf unser Gegenüber ist eingeschränkt. Es herrscht somit eine Diskrepanz zwischen Worten und Körpersprache, was dazu führt, dass unsere Spiegelneuronen überfordert sind oder nichts zu tun haben. Sie fragen sich, was Spiegelneurone sind? Spiegelneurone erfassen – einfach ausgedrückt – unbewusst die Emotionen des Gegenübers.

In Videokonferenzen geht diese emotionale Ebene jedoch verloren und auch unsere Empathie arbeitet auf Sparflamme. Im besten Fall sind wir in virtuellen Meetings gedanklich eine Einheit, doch die physische Trennung führt dennoch zu Dissonanzen. Die Folge: Es entstehen widersprüchliche Gefühle, die uns wiederum Energie rauben. Aufgrund dieser Unstimmigkeiten fällt es uns schwer, in einem virtuellen Meeting auch mal zu entspannen. Nehmen wir keine Emotionen oder auch Stille wahr, vermuten wir sofort ein inhaltliches oder technisches Problem. In einem natürlichen Gespräch empfinden wir Pausen als völlig normal, in Videokonferenzen dagegen als unangenehm und belastend. Laut einer Studie genügt bei Telefon- oder Videokonferenzen sogar schon eine Verzögerung von nur 1,2 Sekunden, damit die oder der Antwortende weniger freundlich oder konzentriert wahrgenommen wird (Schoenenberg u. a. 2014).

Wenn ein Großteil der zwischenmenschlichen Atmosphäre verloren geht, reduziert sich zudem unsere Aufmerksamkeitsspanne. Im digitalen Kontext können wir uns höchstens zehn bis maximal 45 Minuten aufmerksam konzentrieren. Weniger Empathie führt darüber hinaus zu weniger Verständnis füreinander und wir tun uns schwerer damit, Entscheidungen zu treffen.

Kontrollverlust

Ein massiver Energieräuber in der digitalen Kommunikation ist der Kontrollverlust. Video heißt: »Ich sehe (dich)!«, Video heißt aber auch: »Ich vergesse nichts!« und »Ich erinnere mich an alles!«. Videokonferenzen können aufgezeichnet werden. Das Resultat: Wir fühlen uns beobachtet – nicht zuletzt von uns selbst – und in gewisser Weise schutzlos. Wenn wir an einer Videokonferenz teilnehmen, wissen wir, dass uns alle ansehen und uns permanent beobachten können, ohne dass wir es direkt merken. Wir stehen quasi auf der Bühne und empfinden automatisch den Druck, einen guten Auftritt hinzulegen.

Das alleine ist schon nervenaufreibend genug und birgt ein großes Stresspotenzial. Unsere ständige Selbstbeobachtung erhöht diesen Druck noch einmal deutlich. Stellen Sie sich vor, Sie würden sich während eines Präsenzmeetings ständig im Spiegel betrachten. Genau: Sie wären permanent abgelenkt und mit den Gedanken ständig bei Ihren scheinbar für alle sichtbaren Problemzonen. (Kein Wunder, dass die Nachfrage nach Schönheitseingriffen in den Lockdown-Phasen erheblich gestiegen ist. Aber das nur nebenbei.)

Ja, es gibt einige intensive Begleiterscheinungen, die der Wechsel zur digitalen Businesskommunikation mit sich gebracht hat. Von der ständigen beruflichen Erreichbarkeit im Homeoffice und dem Verschwinden fester Arbeitszeiten ganz zu schweigen. Das scheinbar bequeme Arbeiten von zu Hause aus entpuppt sich bei näherem Hinsehen schnell als große Stressfalle; vor allem die Besonderheiten virtueller Kommunikation kosten uns jede Menge Energie.

Stellt sich also die Frage, wie wir es schaffen, die Anforderungen der digitalen Arbeitswelt so zu meistern, dass wir nicht auf einen virtuellen Burn-out zusteuern. Die Lösung ist ganz einfach: Übung macht den Meister. Wir sind Gewohnheitstiere, also müssen wir unser Gehirn auf diese neue Kommunikationsform einschwören und konditionieren. Sie werden sehen, dass Sie mit einigen Tipps und Tricks nicht nur das Stresspotenzial virtueller Meetings reduzieren, sondern auch Ihre digitale Wirkung massiv optimieren können. Also: Legen wir los.

1. Vorbereitung ist die halbe Miete – Grundlagen für eine überzeugende virtuelle Präsenz

»Papa, was machst du hier?«
»Homeoffice.«
»Du spielst World of Warcraft!«
»Führungskräfteseminar!«

Webinar, Videokonferenz & Co. – Unterschiede und Besonderheiten virtueller Formate und Plattformen

Onlinemeeting, Videokonferenz oder Webinar waren bis zum Frühjahr 2020 für die meisten wohl eher exotische Ausnahmen im Joballtag, wenn nicht gar völliges Neuland. Galten bis dahin persönliche Treffen und zwischendurch höchstens einmal eine Telefonkonferenz als Standard, wurden wir plötzlich in eine ganz neue Realität geworfen. Eine Realität, die sich in virtuellen Gefilden namens Zoom, Teams oder Webex abspielt.

Auch wenn so mancher bestimmt schon einmal via Skype mit Familienmitgliedern oder Freunden kommuniziert hatte, die weiter weg wohnen, erlebten die meisten in puncto Videokonferenz & Co. doch ihre absolute Premiere. Kein Wunder also, dass noch immer ein gehöriges Maß an Unklarheit herrscht. Zum einen darüber, welche wohl die optimale Plattform ist – zum anderen darüber, welche Anforderungen und Besonderheiten die verschiedenen virtuellen Formate mit sich bringen. Versuchen wir also, ein wenig Licht ins Dunkel zu bringen.

Onlinemeetings im Stundentakt

Ebenso schnell wie das Format »Videokonferenz« im wahrsten Sinne des Wortes auf der Bildfläche erschien, war es auch schon nicht mehr wegzudenken. Das ist nur allzu verständlich. Sich jederzeit, von jedem Ort aus, auch ganz spontan und mit so vielen Teilnehmern wie gewünscht zu besprechen, lässt die Entscheidung, ob ein Meeting tatsächlich nötig ist, in der Regel in Richtung »Ja« tendieren. Dennoch sollte nicht jede Notwendigkeit, etwas zu besprechen, zu einem Onlinemeeting führen. Manchmal reicht auch eine Telefonkonferenz oder eine Rundmail. Der beliebte Spruch »I survived another meeting, that should have been an email« trifft auf viele Videokonferenzen noch mehr zu, als es vorher bei echten Treffen der Fall war.

Schauen wir uns erst einmal an, welche digitalen Formate sich seit Social Distancing etabliert haben und in welcher kommunikativen Situation sie ihr volles Potenzial entfalten können.

Webinare – Weiterbildung goes digital

So wie die gesamte Veranstaltungsbranche hat auch der Sektor der Fort- und Weiterbildung spürbar unter den Pandemiemaßnahmen gelitten und wird sich vermutlich nachhaltig verändern. Anders als im Fall von Großveranstaltungen stehen hier allerdings durchaus effektive und leicht umsetzbare digitale Möglichkeiten zur Verfügung.

In Webinaren fehlen zwar das direkte Miteinander und das klassische Networking in der Kaffeepause, doch Inhalte lassen sich auf virtueller Ebene ebenso gut, wenn nicht – dank zahlreicher technischer Tools – sogar noch besser transportieren als bei einem Präsenzseminar. Der große Vorteil von Webinaren besteht schließlich in ihren interaktiven Möglichkeiten. Referenten und Teilnehmer können sich in beide Richtungen austauschen, entweder über einen parallelen Chat oder indem Teilnehmer sich direkt mit eigenen kurzen Präsentationen und Wortmeldungen in das Event einbringen. Die Teilnehmerzahl ist dabei unbegrenzt und erlaubt auch Onlineseminare im großen Stil.

Was Inhalte und Auswahl eines Webinars betrifft, läuft es so wie bei analogen Fort- und Weiterbildungen zu ganz bestimmten Themen und Schwerpunkten. Die Teilnehmer registrieren sich aus fachlichem Interesse gezielt für ein Webinar, an dem sie dann direkt teilnehmen oder das sie – falls angeboten – später als aufgezeichnete On-Demand-Version nutzen (dann aber ohne die Möglichkeit der interaktiven Teilhabe).

Webcasts – Vorträge auf Abruf

Im Gegensatz zu einem Webinar läuft ein Webcast nur in eine Richtung. Ein bestimmter Content wird live im Netz übertragen oder ist in aufgezeichneter Form dauerhaft als Video abrufbar. Die Inhalte von Webcasts können dabei ganz unterschiedlichen Zwecken dienen – das reicht von der reinen Wissensvermittlung über die Übertragung einer Pressekonferenz bis hin zum Livestream wichtiger Businessevents.

Wie bei einem Vortrag im realen Leben sind auch beim Webcast keine oder nur sehr eingeschränkte Möglichkeiten der Interaktion gegeben, beispielsweise durch Kontaktaufnahme nach dem Event.

Virtuelle Konferenzen – Digitales Networking inklusive

Die Königsdisziplin unter den digitalen Formaten ist eine virtuelle Konferenz, bei der mehrere Inhalte / Sessions nacheinander oder parallel auf dem Programm stehen. Daraus ergeben sich einige Besonderheiten und Herausforderungen. Die größere Bandbreite der Formate, Inhalte und Themen spricht automatisch ein größeres Publikum und eine heterogenere Zielgruppe an. Wie bei Livekonferenzen gibt es ein komplexes Programm aus Keynotevorträgen und virtuellen Workshops. Jeder Teilnehmer kann aus dem Gesamtprogramm seine individuelle Agenda zusammenstellen und zusätzlich in sogenannten Breakout-Sessions in kleinen Gruppen spezielle Themen bearbeiten, die anschließend in der Konferenz präsentiert werden. Ergo: Ein vielfältiges Angebot, das nicht nur eine gründliche Vorbereitung und technisch einwandfreie Umsetzung verlangt, sondern auch eine professionelle Moderation, um alle Referenten und Speaker anzukündigen sowie professionelle Übergänge zu gestalten.

Doch was ist mit dem Aspekt des Networkings, der Teilnehmern einer Konferenz in der Regel mindestens ebenso wichtig ist wie vermitteltes Expertenwissen und Impulse? Professionelle digitale Konferenzen bedienen auch diesen entscheidenden Bereich – beispielsweise durch das Angebot eines virtuellen Cafés, in dem Teilnehmer während der Pausen über Videochat miteinander kommunizieren können. Und auch für das offizielle Programm gehören verschiedene Interaktionsmöglichkeiten inzwischen zum Standard guter Onlinekonferenzen – in Form von Votings, Umfragen oder Q&A-Sessions.

Achtung: Ein wichtiger Punkt bei der Planung virtueller Konferenzen ist die Länge der Vorträge, denn die Aufmerksamkeit vor dem Bildschirm lässt viel schneller nach als bei einer Livekonferenz. Am besten funktionieren kurze Vorträge und Interviews mit einer Länge von 15 bis 20 Minuten.

Digitale Kommunikationsplattformen – Die Qual der Wahl

So weit zu den gängigsten virtuellen Formaten, von denen jedoch ohne Zweifel die Videokonferenz als digitale Variante der klassischen Besprechung inzwischen am meisten unseren Joballtag bestimmt – und uns vor die Aufgabe stellt, auch via Bildschirm mit unserer Körpersprache zu überzeugen und damit eine optimale Wirkung zu erzielen.

Grundvoraussetzung für eine wirkungsvolle Onlinepräsenz ist der kompetente und sichere Umgang mit den diversen Plattformen, die zur Auswahl stehen und die sich hinsichtlich ihrer Funktionen und Details durchaus unterscheiden.

Hier ein kurzer Überblick über die wichtigsten Collaboration-Tools für Remote Meetings:

Google Meet

Bis zu 100 Personen können bei der Free-Version von Google Meet an Video- und Telefonkonferenzen teilnehmen (das Zeitlimit liegt hier allerdings bei 60 Minuten), in der kostenpflichtigen Pro-Version sind es sogar bis zu 250. Nutzen sowohl Host als auch Teilnehmer den Google-Kalender, ist die Organisation einer Google-Meet-Konferenz denkbar einfach und eingeladene Teilnehmer müssen lediglich einem Link folgen. Über Kamera- und Mikrofonnutzung kann jeder Teilnehmer individuell entscheiden. Zusätzlich steht ein Chat zur Verfügung und der eigene Bildschirm kann mit allen anderen geteilt werden.

Google Meet ist fest integriert in Googles Office-Produkt Workspace und bietet praktische Features wie Untertitel in Echtzeit auf Englisch, ein individuelles Layout sowie die Bildschirmfreigabe und das Aufsetzen von Terminen. Wie die meisten Google-Dienste ist Meet für Google Chrome und andere Browser auf Chromium-Basis konzipiert. Daneben sind mobile Anwendungen für Android und iOS verfügbar. Bei Gmail-Nutzern ist die Meet-Funktion außerdem in ihrem Mailprogramm integriert.

Microsoft Teams

Wie der Name schon sagt, bietet Microsoft Teams alles, was Firmen, Abteilungen, Arbeitsgruppen etc. für ihre Zusammenarbeit benötigen. Sein volles Potenzial entfaltet die Microsoft Business-Lösung daher vor allem in Verbindung mit den Business- oder Enterprise-Versionen von Office 365. Dann können Teammitglieder eine unbegrenzte Anzahl von Videokonferenzen in HD-Auflösung mit bis zu 300 Teilnehmern abhalten, Dateien gemeinsam nutzen, Besprechungen direkt von Outlook aus planen, Besprechungen aufzeichnen und mit den Desktop-Office-Programmen und SharePoint online an Dokumenten zusammenarbeiten. Liveveranstaltungen wie zum Beispiel Mitarbeiterversammlungen, Webinare und Präsentationen sind für bis zu 10 000 Teilnehmer möglich.

Sowohl für die interne als auch für die externe Kommunikation stehen vielfältige Möglichkeiten zur Verfügung. Egal ob im Rahmen eines Teams oder eines Kanals / Projekts können sich die Mitglieder per Videochat, rein im Audiomodus oder schriftlich per Chat austauschen. Auch beim Austausch mit externen Partnern mit Gästestatus stehen diese Optionen zur Verfügung.

Während anerkannte Hochschulen, Schüler / Studierende / Lehrkräfte und gemeinnützige Organisationen Teams nach wie vor kostenfrei nutzen können, ist für Unternehmen seit Anfang 2021 die Nutzung nur noch im Rahmen eines kompletten Microsoft-365-Abos möglich.

Zoom

Bis zu 1000 Nutzer können mit einem Endgerät ihrer Wahl an einem Zoom-Meeting teilnehmen, wenn es sich um eine der kostenpflichtigen Versionen handelt. Doch auch die kostenlose Version erlaubt bis zu 100 Teilnehmer, allerdings ist die Dauer pro Konferenz dann bei mehr als zwei Teilnehmern auf 40 Minuten begrenzt. Ansonsten liegt das Zeitlimit bei 24 Stunden bzw. ist komplett aufgehoben. Ein spannendes Angebotsdetail bei Zoom ist das Webinar-Paket, mit dem Events und Onlineworkshops für bis zu 10 000 Teilnehmer organisiert werden können.

Ein großer Vorteil von Zoom sind die unkomplizierten Zugangsbedingungen für eingeladene Gesprächspartner, denn eine Registrierung ist für die bloße Meetingteilnahme nicht nötig. Jede Person, die vom Host einen entsprechenden Link zugeschickt bekommt, kann sich einwählen und an einem Meeting teilnehmen. Zu den interessantesten Features von Zoom zählen Collaboration-Features wie Breakout-Räume, private oder Gruppen-Chats und Whiteboarding sowie die Möglichkeit, über Facebook und YouTube live zu streamen.

Wer mit Zoom größere Onlineevents organisiert, wird sich außerdem über die »Attention Tracking«-Funktion freuen, die zeigt, ob die Teilnehmer das Zoom-Fenster auf ihrem Bildschirm im Vordergrund geöffnet haben oder in den Browser oder ein anderes Programm wechseln – und somit der Konferenz nicht mehr richtig folgen.

Slack

Die Kommunikationsplattform Slack funktioniert wie ein Chatraum und erscheint vielen von uns daher sehr vertraut. Die Kommunikation in Arbeitsgruppen und die Arbeit an Projekten wird über sogenannte Channels organisiert. Es ist auch möglich, dort Dateien hochzuladen und diese zu kommentieren. Über geteilte Channels können externe Organisationen, Geschäftspartner etc. miteinbezogen werden. Der persönliche Austausch läuft über Direct Messages statt E-Mail. Audio- und Videoanrufe sind ebenso möglich wie das Teilen des Bildschirms. Die Suchfunktionen innerhalb der Diskussionen sind übersichtlich und einfach. Und das Besondere: Es stehen Hunderte von Slack-Integrationen zur Verfügung. Das gestaltet eine Verknüpfung mit Dropbox, Twitter, Zoom usw. problemlos. Mit der kostenlosen Version – »Freemium Modell« – kann man schon eine ganze Menge anstellen und wird erst mit der Zeit an Grenzen stoßen.

Webex

Gegründet 1995 ist Webex ohne Zweifel das früheste Tool für Onlinekonferenzlösungen. Die Free-Version von Webex ermöglicht Meetings mit maximal 50 Minuten Dauer sowie bis zu 100 Teilnehmern und bietet vergleichbare Features wie Zoom, Teams & Co. Auch hier gibt es kostenpflichtige Versionen mit Zusatzfeatures vor allem in puncto Speicherkapazität und Administration.

Skype

Skype wurde bereits 2003 gegründet und gehört zu den bekanntesten Anbietern im webbasierten Videotelefonie-Segment. Seit 2011 gehört Skype zu Microsoft und deckt nun im Gegensatz zu Teams vor allem den Bereich der Privatnutzer ab. Neben kostenlosen Telefonaten sind Videochats mit bis zu 50 Personen möglich. Auch ein paralleler Chat wird angeboten. Und es gibt kein Zeitlimit.

Die Einschränkungen bei Skype betreffen vor allem die technischen Voraussetzungen. Auf Desktopgeräten und Notebooks funktioniert Skype nur mit den Browsern Edge oder Chrome. Für andere Browser bzw. die Smartphone-Betriebssysteme Android und iOS müssen eigene Apps genutzt werden.

Pluspunkte für Videokonferenzen

- Egal ob in Hongkong, Berlin oder im Homeoffice – Mitglieder dezentraler Teams können sich zu einer Videokonferenz dazuschalten und dort auf einfachem Wege austauschen.
- Einfache Terminkoordination: Der organisatorische Aufwand ist geringer und die Teilnahme leichter. Weniger Termine müssen hin- und hergeschoben werden, bis alle zusammenkommen.
- Reduzierte Kosten: Fahrt- oder Flugkosten entfallen und es müssen keine Räumlichkeiten angemietet werden. Das macht die Videokonferenz zu einer kostengünstigen Option.

Welches Collaboration-Tool sollten Sie nun verwenden? Viele sind ähnlich strukturiert und enthalten ähnliche Features. Bevor Sie sich für eine Plattform entscheiden, sollten Sie sich mit den Details der Anwendungen beschäftigen. Probieren Sie einige aus und überlegen Sie, welche Tools Sie für Ihre spezifischen Bedürfnisse benötigen und welche Plattformen intuitiv gut funktionieren. Manche Extras brauchen Sie gar nicht, andere sind durchaus sinnvoll und rechtfertigen etwaige Zusatzkosten. Haben Sie eine Plattform gefunden, die gut zu Ihnen passt und komfortabel zu bedienen ist, geht es im nächsten Schritt um das richtige Setting für Ihren Auftritt.

Das richtige Setting – Bühnenaufbau (Räumlichkeiten, Licht, Hintergrund ...)

»In einer kleinen Rolle muss man ein großer Künstler sein, um gesehen zu werden.«
August Strindberg

Arbeiten Sie regelmäßig im Homeoffice? Welches Gesicht sehen Sie dort am häufigsten? Genau! Ihr eigenes Spiegelbild. Und viele denken dabei wohl »Leider«, weil sie mit ihrem eigenen Bild nicht zufrieden oder gar unglücklich sind. Das führt häufig zu einem gnadenlosen Rückkoppelungseffekt: Der eigene Anblick deprimiert uns, was uns noch grimmiger oder schlechter gelaunt dreinschauen lässt. Doch so weit muss es nicht kommen. Das richtige Setting hilft, um mit dem eigenen Selbstbild besser klarzukommen und beim Gegenüber einen guten Eindruck zu hinterlassen. Und das ist überaus wichtig: Wenn Sie in einer Videokonferenz nicht vorteilhaft rüberkommen, dann verlieren auch Ihre Produkte, Dienstleistungen und fachlichen Kompetenzen an Wert.

Auch für mich war das Agieren im virtuellen Raum eine neue Welt. Ich musste meine Vorträge, Seminare und Coachings plötzlich remote ausführen und mich dafür innerhalb kürzester Zeit in eine vollkommen neue Materie einarbeiten. Das war ein zuweilen schmerzhafter Lernprozess, der sich aber zu 100 Prozent gelohnt hat und an dem ich Sie gerne teilhaben lassen möchte. Ich möchte Ihnen in diesem Kapitel die wichtigsten Punkte für das optimale Setting vorstellen – Punkte, die schnell umsetzbar sind und die sich bezahlt machen. Der Fokus liegt bei mir ganz klar auf der Wirkung. Natürlich müssen verbale und nonverbale Wirkungselemente verbunden werden, doch was nützt der beste Inhalt, wenn die Wirkung versagt? Nichts!

Der passende Raum / Platz

Suchen Sie sich als Erstes den besten Raum für das Videomeeting aus. Der Raum sollte ordentlich sein und während des Meetings störungsfrei. Das spricht ganz klar gegen das Kinderzimmer, in dem jeden Moment der Nachwuchs ins Zimmer stürmen kann, weil er gerade »LEGO Super Mario Abenteuer« spielen möchte. Auch Plüschtiere, Spielzeugautos oder die FC-Bayern-Bettwäsche sind wohl kaum für die Augen Ihrer Gesprächspartner geeignet.

Wer über ein eigenes Homeoffice verfügt, ist natürlich klar im Vorteil. Ist das nicht der Fall, sollten Sie in einem anderen geeigneten Raum – zum Beispiel Wohnzimmer, Schlafzimmer, Gästezimmer oder auch im Keller – eine feste Ecke für Videokonferenzen einrichten. Es gibt viele gute Möglichkeiten, auf kleinem Raum seinen eigenen Arbeitsbereich zu integrieren. Und das bietet einige Vorteile: 1. Fixer Arbeitsbereich, 2. Gewohnheitseffekt, 3. Effektiveres Arbeiten, 4. Immer der gleiche Ort für Videokonferenzen.

Licht – Strahlen Sie!

Um sich selbst vor der Kamera ins rechte Licht zu rücken, sollten Sie der Beleuchtung des Raumes besonders viel Aufmerksamkeit widmen.

Viele Menschen sitzen beim Zoomen oder Skypen vor einem Fenster oder mit dem Rücken zum Fenster. Das Resultat? Bei direkter Lichteinstrahlung, zum Beispiel durch Sonnenlicht, sehen Sie viel zu blass aus (Bild Nr. 1). Bei zu starkem Gegenlicht wirken Sie wie ein Schatten in einem Horrorfilm (Bild Nr. 2). Auch direktes Licht von oben oder unten ist ungeeignet, da es ablenkende Schatten erzeugt (Bilder Nr. 3 und 4). Man wirkt alt und müde. Direkt seitlich einfallende Beleuchtung ist ebenfalls ungünstig, da dies den Schatten auf einer Gesichtshälfte verstärkt und im Extremfall nur eine Gesichtshälfte im Video erkennbar ist (Bild Nr. 5). Sehen Sie sich die Fotos an – Sie erkennen sofort die negative Wirkung eines ungünstigen Lichteinfalls.

Achtung, Lichtreflexe

Achten Sie darauf, dass sich keine Einrichtungsgegenstände mit reflektierenden Oberflächen im Aufnahmebereich befinden, wie etwa Metallschränke, Glasplatten oder Spiegel. Räumen Sie diese Möbel beiseite. Damit verhindern Sie blendende Lichtreflexe.

1

Direkte Überbelichtung lässt Sie blass erscheinen.

2

Bei starkem Gegenlicht wirken Sie zu dunkel.

3

4

Eine zu starke Beleuchtung von oben oder von unten ist niemals vorteilhaft.

5 Zu stark seitlich einfallendes Licht lässt eine Gesichtshälfte im Dunkeln.

6 Mit einer perfekten Beleuchtung indirekt von vorne zeigen Sie Ihre Schokoladenseite.

Testen Sie zunächst die Beleuchtung im Raum. Schalten Sie den Monitor ein und prüfen Sie Ihr Bild. Sehen Sie Schatten oder wirken Sie blass, dann fluten Sie den Raum mit allen Lichtquellen, die vorhanden sind. Reicht das noch immer nicht, dann platzieren Sie die Hauptlichtquelle hinter der Laptopkamera. Prüfen Sie immer wieder Ihre Ausstrahlung. Geeignet sind besonders indirekte Lichtquellen, die den Raum gleichmäßig ausleuchten und die Sie am besten schräg von vorne bescheinen. Sie können beispielsweise zwei Lampen links und rechts hinter dem Monitor aufstellen, die den Raum gleichmäßig ausleuchten. Mit Sicherheit finden Sie eine Arbeitsleuchte, Tischleuchte, Schreibtisch- oder Nachttischlampe.

Im Idealfall haben die Leuchten die gleiche Lichttemperatur und Sie können auch die Farbtemperatur einstellen. In meinem Zweitbüro steht eine LED-Stehlampe, dimmbar mit fünf Helligkeitsstufen, mit fünf Farbtemperaturen und einem flexiblen Schwanenhals. Sie dient nun als Videokonferenzlampe, Schreibtisch- und Leselampe. Optimal wäre, wenn der gesamte Raum eine Beleuchtungsstärke von 500 bis 600 Lux aufweist. Das ist hell, sehr hell. Jeder, der schon ein Fotoshooting oder eine TV-Aufnahme erlebt hat, kennt dieses Gefühl. Das Auge muss sich an die Helligkeit gewöhnen. Verwenden Sie LED-Leuchtmittel. Sie sind vor allem wegen der geringen Hitzeentwicklung bei großer Lichtausbeute geeignet.

Günstig einkaufen: gutes Licht zum kleinen Preis

Besorgen Sie sich professionelles Licht. Achten Sie beim Kauf auf drei Dinge:

1. Gibt es ein dimmbares Licht, um die Helligkeit zu kontrollieren?
2. Kann die Farbtemperatur verändert werden, um ein natürlich wirkendes Licht zu inszenieren?
3. Gibt es die passenden Positions- bzw. Befestigungsmöglichkeiten für meine Bedürfnisse, also flexibles Stativ, Saugnapf oder Klemme?

Es gibt durchaus recht preisgünstige Lichter, die diesen Kriterien entsprechen. Manche sind nur etwas größer als eine Kreditkarte und werden mit einem Saugnapf z. B. hinten am Laptop befestigt – perfekt, wenn Sie auf Reisen sind. LED-Ringleuchten sind sehr beliebt bei Influencern, Bloggern und Youtubern und eignen sich optimal für unterwegs. Achten Sie vor dem Kauf unbedingt auf die Befestigung und die Höhe. Eine weitere Variante: Zwei kleine Lichter mit Stativ, die links und rechts hinter dem Laptop positioniert werden. Das braucht allerdings mehr Platz.

Hintergrund – Klassisch, seriös, kompetent oder innovativ?

Immer mehr Fernsehsender holen sich die Fachleute nicht mehr direkt ins Studio, sondern richten eine Liveschaltung ein, um in den Nachrichten oder Talkshows eine Expertenmeinung zu bringen. Anmoderiert wird dann zum Beispiel »Frau Professor Doktor XY«, Fachexpertin, wissenschaftliche Publizistin und Gewinnerin eines honorigen Awards. Automatisch entsteht ein Bild in den Köpfen der Zuschauer. Und dann das! Die Expertin sitzt zu Hause oder in ihrem Büro, im Hintergrund ein unordentliches Bücherregal, in dem sich auch noch Zeitungsstapel türmen, außerdem erblickt man benutzte Kaffeetassen und halb volle Flaschen und eine vertrocknete Topfpflanze, die Böses ahnen lässt. Da kann die Expertin noch so perfekt angezogen und frisiert sein – der chaotische Hintergrund macht fast alles zunichte und schmälert deutlich den Glauben an ihre Kompetenz. Der erste Eindruck ist eher negativ ausgefallen und nur sehr schwer zu revidieren.

Das Fazit daraus? Zu einem optimalen Setting gehört auch ein geeigneter Hintergrund. Ein Hintergrund, der zu Ihrem Status, Ihrer Erscheinung passen sollte. Wie wollen Sie wahrgenommen werden? Kompetent? Dann eignet sich wohl ein dezenter, neutraler Hintergrund. Intellektuell? Dann eher der Klassiker, das gut sortierte Bücherregal. Innovativ? Wie wäre es mit einem schrillen Kunstobjekt? Exklusiv? Dann darf im Hintergrund gerne der Eames Lounge Chair oder ein anderes Möbel einer exklusiven Marke zu sehen sein.

Was können Sie tun, um den optimalen Hintergrund für Ihren Auftritt in der Videokonferenz, im Webinar etc. zu schaffen?

Räumen Sie auf und entfernen Sie Ablenkungen
Ideal wäre eine Zauberfee, die mit einem Fingerschnipsen Ihre vier Wände in einen blitzsauberen, aufgeräumten Zustand versetzt. Doch das bleibt eine Wunschvorstellung. Wer alleine lebt, kann das noch einigermaßen gut hinbekommen, doch Mitbewohner und vor allem Kinder brauchen Frei- und Spielräume und halten nicht allzu viel von Ordnungsregeln. Umso wichtiger ist es, dass Sie, egal wo Sie die Konferenz durchführen, ordentlich aufräumen. Sie denken sich vielleicht, dass die Unordnung in dem Ausschnitt, den die Kamera zeigt, sowieso nicht zu sehen ist. Doch es ist nicht auszuschließen, dass Sie im Laufe der Konferenz die Kameraposition verändern oder den Laptop-Bildschirm bewegen müssen.

Der Raum muss nicht makellos sein, doch Sie sollten auf jeden Fall alles wegräumen, was Ihre Gesprächspartner ablenken könnte (oder niemand zu Gesicht bekommen sollte!). Entfernen Sie auch alles, was für die Konferenz eher ungeeignet ist oder die Konzentration Ihres Gesprächspartners beeinträchtigen könnte. Das Poster von Valorant als Hintergrund mag zeigen, dass Sie ein Fan von Fantasy-Gamingspielen sind, doch auf eine Jobbewerbung als, sagen wir mal, Makler, kann es ungünstige Auswirkungen haben. Passen Sie den Hintergrund genau auf Ihre gewünschte Rolle/Persönlichkeit und die jeweilige Zielgruppe an. Der Hintergrund gibt eine Menge über Sie preis. Sie gewähren einen Einblick in Ihre privaten vier Wände, und das lässt unwillkürlich Rückschlüsse zu – auch falsche. Und das sollten Sie unbedingt vermeiden.

»Sage mir, mit wem du umgehst, so sage ich dir, wer du bist«, sagte Goethe. In der Videokonferenz gilt: »Zeige mir den Hintergrund, so sage ich dir, wer du bist.«

Tipps zur Farbgebung

- Reinweiße oder schwarze Hintergründe wirken kalt und steril.
- Gemusterte Hintergründe lenken ab.
- Gut geeignet sind die Farben Blau, Grau oder auch warmes Beige.
- Der Kontrast zwischen Vorder- und Hintergrund sollte gering sein (heller Tisch, beige Wand).

Der Hintergrund sollte auch mit Ihrer Kleidung harmonieren. Probieren Sie unterschiedliche Outfits und Positionen einfach aus. Achten Sie auch auf den Bürostuhl. Manche Bürostühle wirken wegen ihrer hohen und wuchtigen Rückenlehne wie ein Thron. Sie wollen doch nicht »herrschend« wirken, das gilt zumindest für die meisten Situationen. Holen Sie sich Feedback von Freunden zu Ihrem Hintergrund. Machen Sie einen Screenshot und senden Sie ihnen das Bild zu.

Virtuellen Hintergrund einfügen?

Virtuelle Hintergründe aller Art sowie verschleiernde oder verwischende Hintergründe werden immer beliebter. Egal ob Zoom, Skype, Webex oder Microsoft Teams, alle bieten immer mehr zusätzliche Tools. Mit einem virtuellen Hintergrund – wahlweise Bilder, Fotos oder Videos – lassen sich unerwünschte Details verschleiern bzw. unscharf stellen und er lässt den Videoteilnehmer im besten Fall attraktiver erscheinen. Nicht zu empfehlen sind die bei Zoom beliebten Reisehintergründe, wie die

Golden Gate Bridge oder der animierte Maledivenstrand. Das könnte Ihren Gesprächspartner glauben machen, dass Sie gedanklich nicht bei der Sache sind.

Achtung: In den meisten Fällen lenken diese Hintergründe nur ab. Warum? Oft sorgen schlechte Kameraleistung, geringe Beleuchtung oder schwaches WLAN dafür, dass wir eher im Bild »verschwimmen« und als surreal wahrgenommen werden. Das kann mit einem gut vorbereiteten eigenen Hintergrund nicht passieren.

Mittlerweile können Sie ohne Greenscreen-Technik bei vielen Videokonferenz-Anbietern auch einfach den eigenen Hintergrund wählen.

Tipps für eigene Hintergründe

- Positionieren Sie sich möglichst vor einem einfarbigen Hintergrund, zum Beispiel vor einer cremefarbenen Wand.
- Ihre Kleidung sollte eine andere Farbe als der Hintergrund haben.
- Verwenden Sie ein Hintergrundbild, das dem Anlass entspricht.
- Verwenden Sie ein Hintergrundbild im Seitenverhältnis der Kamera. Für den Standard 16:9 eignen sich Bilder von 1280 x 720 oder 1920 x 1080 Pixel.
- Einige Grafikdesign-Plattformen bieten eine große Auswahl an Hintergründen. Manche Designs lassen sich personalisieren und auch der Text kann geändert werden.
- Greifen Sie auf Stockfotos zurück. Auf Seiten wie Unsplash, Shutterstock und Pixabay finden Sie viele Bilder von Wohnräumen und Büros, Naturaufnahmen oder einfache Hintergründe.
- Achten Sie darauf, dass die Proportionen zwischen dem Bild und Ihnen harmonisch wirkt.
- Stellen Sie das Logo Ihres Unternehmens in den Hintergrund.
- Achtung: Prüfen Sie in den Einstellungen die Option »Video spiegeln«. Stellen Sie diese auf »Aus«. Sonst wird Ihr Text spiegelverkehrt angezeigt.

7	8
Blicken Sie direkt in die Kamera, dann fühlt sich Ihr Gegenüber angesprochen.	Ein seitlicher Blick wirkt unengagiert.

Kameraposition – Finden Sie den optimalen Winkel

Wie einfach ist es doch, auf den Einladungslink für eine Videokonferenz zu klicken und loszulegen. Doch was die anderen Konferenzteilnehmer nun zu Gesicht bekommen, wirkt leider nicht immer professionell: »abgeschnittene« Köpfe, riesig wirkende Nasen, ein Doppelkinn, dunkle Schatten unter den Augen usw. All das irritiert Ihre Gesprächspartner oder Zuschauer und fördert nicht gerade die Konzentration. In der Hektik des Gefechtes übersehen wir häufig, dass der Kamerawinkel nicht optimal eingestellt ist. Doch das ist ein wichtiger Punkt, um später optimal in Erscheinung zu treten.

Vorab sollten Sie darauf achten, dass jedes Gerät – ob Laptop, Tablet oder Smartphone – in puncto Kamera recht unterschiedlich funktioniert. Die Hauptregel für alle Geräte lautet jedoch: Bringen Sie die Kamera in Augenhöhe (Bild Nr. 7)! Drehen Sie sich nur ein klein wenig von der Kamera weg, kann das den Anschein erwecken, dass Sie nicht vollkommen engagiert bei der Sache sind (Bild Nr. 8). Wir tendieren alle dazu, uns immer wieder gerne selbst am Bildschirm zu beobachten. Reduzieren Sie die Selbstbeobachtung und nutzen Sie zwischendurch immer den direkten Kamerablick.

Blickkontakt schafft Kontakt. Gerade in der Remote-Kommunikation sollten wir dem Gesprächspartner das Gefühl vermitteln, dass wir ihm in die Augen schauen. Es geht darum, Vertrauen aufzubauen und Inhalte besser und überzeugender zu übermitteln – kurz gesagt darum, sympathisch rüberzukommen. Eigentlich ist uns das bewusst, dennoch handhaben die meisten Nutzer es anders. Man macht sich schnell ein paar Notizen, schaut im CRM-System etwas nach, checkt mal eben die Bilanzen und schaut auch sonst wirklich überall hin, nur nicht in die Kamera.

Einige Start-ups bieten mittlerweile Softwarelösungen an, um dieses Problem technisch zu lösen. Ein Eyetracker erfasst jede Pupillenbewegung und rückt diese Inhalte automatisch mittig an den oberen Rand, also nah an die Webcam heran. Das bedeutet: Auch wenn Sie gerade eine E-Mail schreiben, wirkt es, als seien Sie aufmerksam. Wird Ihre Haltung im Lauf eines längeren Videomeetings nachlässig, dann bekommen Sie den Hinweis, dass Sie nicht mehr optimal im Bild sind. Diese Softwarevariante ist immer dann sinnvoll, wenn es um den Aufbau von Vertrauen geht, also etwa bei Verkaufsgesprächen, Verhandlungen mit Investoren, Präsentationen, digitalem Unterricht oder beim Video-dating. Die Inhalte bleiben durch den gefühlten Blickkontakt besser in Erinnerung.

Und diese selbstlernenden KI-Softwarelösungen können noch viel mehr: Sie machen die Mausbewegung weitgehend überflüssig. Mit Ihren Augenbewegungen steuern Sie den Cursor am Bildschirm, das Programm erfasst Ihren Leseblick und macht das Scrollen überflüssig; Sie klicken sozusagen mit dem Blick. Wie von selbst sichern diese Softwarelösungen den Augenkontakt in allen gängigen Videokonferenzsystemen, wie Teams, Zoom, Webex & Co. Der Haken: Man muss dafür monatlich schon etwas tiefer in die Tasche greifen und hundertprozentig ausgereift ist die Software noch nicht.

Auf einer Ebene

Um die Kamera auf Augenhöhe zu bringen, besorgen Sie sich am besten einen flexiblen Laptopständer. Doch es geht auch einfach mit einem Stapel Bücher. Letztendlich zählt nur das Ergebnis: optimal auf dem Bildschirm zu wirken!

Webcam, Laptop-, Smartphone-Kamera

Externe Videokonferenz-Kameras – Webcams – sind für den professionellen Einsatz geeignet und lassen sich mit einer Fernbedienung steuern. Sollte Ihre Laptop-Kamera eine schwache Leistung haben, dann greifen Sie darauf zurück. Per Steuerung lassen sich diese Kameras schwenken und neigen und man kann damit heran- oder wegzoomen. Diese Kameraversionen sind auch dann vorteilhaft, wenn sich mehrere Menschen an einem Tisch befinden. In diesem Fall ist ein Großteil des Körpers sichtbar, das bedeutet, dass Ihre Körperbewegungen stärker wahrgenommen werden. Der Nachteil: Ihr Gesichtsausdruck ist nicht mehr so gut zu erkennen, es sei denn, man zoomt direkt darauf.

Der Vorteil des Laptops ist, dass man ihn einfach überallhin mitnehmen und verwenden kann. Egal ob Kaffeehaus, Bahnhofslounge, Hotelzimmer, Büro oder Homeoffice, es gilt nur: Aufklappen, hochfahren und los geht's. Der Nachteil: Die Kameraposition ist oft zu tief oder zu hoch, oder man wackelt zu sehr, wenn sich das Notebook auf dem Schoß befindet. Am besten sorgen Sie vor dem Videomeeting für eine feste, glatte Oberfläche und bringen die Kamera in Augenhöhe.

Die Kameraleistung von Smartphones kann sehr unterschiedlich sein. Das sollten Sie beim Kauf des Geräts beachten, wenn Sie es auch geschäftlich nutzen wollen. Der Vorteil: Wir können das Smartphone schnell aus der Tasche holen und es überall sofort verwenden. Versuchen Sie, das Gerät so ruhig wie möglich zu halten. Am besten stellen Sie das Smartphone (oder das Tablet) auf einer Fläche auf oder Sie besorgen sich ein Stativ.

Welche Videokamera für mein Onlinemeeting?

Es gibt Profilösungen und bei häufiger Nutzung ist das eine sinnvolle Investition. Bei den neuen Computern ist die integrierte Kamera meist von sehr guter Qualität. Um sicherzugehen, machen Sie eine Probeaufnahme und achten Sie immer auf gutes Licht! Sollte die Kameraleistung zu gering sein, dann besorgen Sie sich eine kleine Zusatzkamera. Die Bildqualität sollte gut sein, jedoch kein zu großes Datenvolumen produzieren.

Den richtigen Ton treffen – Tipps und Tricks für einen guten Klang

»Was? Was haben Sie gesagt? Sie sind ganz schlecht zu hören, können Sie das noch mal sagen?« »Bad Audio is Bad Business«, das hat auch der Audiosystemanbieter EPOS erkannt und führte mit dem Marktforschungsunternehmen Ipsos eine Studie mit 2500 Probanden in Hinblick auf das Thema Audioqualität durch. Im Bericht »What – The most expensive word in business« erläutert das Unternehmen die Auswirkungen mieser Audioqualität. Die Ergebnisse sahen so aus:

Mitarbeiter verbringen jede Woche durchschnittlich 30 Minuten ihrer Arbeitszeit damit, die Auswirkungen von schlechtem Ton bei Smartphone- und Videokonferenzen zu kompensieren. 44 Prozent der Teilnehmer der Studie erlebten mangelnde Tonqualität in Gesprächen als produktivitätsmindernd und schilderten viele verschiedene Probleme, die durch schlechtes Audio verursacht werden: 42 Prozent gaben an, dass starke Hintergrundgeräusche bei Videokonferenzen ein Problem darstellten. 34 Prozent mussten sich wiederholen und um Wiederholung des Gesagten bitten. 23 Prozent berichteten von unzufriedenen Kunden infolge schlechter Gesprächsqualität. 18 Prozent beklagten einen finanziellen Verlust. Bei 19 Prozent führte schlechter Ton in einer Videokonferenz zum Scheitern eines Pitchs oder zum Verlust einer Ausschreibung (EPOSAUDIO 2020).

Videokonferenzen gehören für die meisten mittlerweile zum täglichen Brot. Dennoch werden diese oft unter Umständen durchgeführt, die eine optimale Audioqualität minimieren. Häufig sitzt man im Homeoffice mit einer nicht optimalen Akustik, nicht besser ist es im Großraumbüro, wo die Gespräche der Kolleginnen und Kollegen wahrgenommen werden, ein anderes Mal streikt das WLAN und man kann Sie nicht hören.

Mein Akustikdilemma

Ich habe mir ein professionelles Remote-Studio gegönnt. Alles vom Feinsten. Wenn schon, denn schon! Hochwertige Kamera, perfektes Licht, exzellentes Mikrofon, 5G-Netz. Und ich dachte mir: »Nun kann es losgehen.« Zu früh gefreut. Eines hatte ich nicht bedacht: die Akustik. Eine schlechte Raumakustik bewirkt eine lange Nachhallzeit. Das bedeutet, dass Geräusche, die durch Gespräche entstehen, zu lange Zeit im Raum nachhallen. In diesen hallenden Räumen entsteht ein »Echoeffekt«, der lang anhaltende, störende Nebengeräusche verursacht. Das reduziert die Sprachverständlichkeit und erschwert eine Unterhaltung. Das beste Equipment wirkt minderwertig, wenn die Akustik nicht in Ordnung ist. Was tun? Ich habe den Raum mit absorbierenden Materialien ausgestattet: Auf dem Boden liegt nun ein flauschiger Teppich, auf dem Lounge Chair befinden sich einige Kissen und an der Wand habe ich meinen geliebten Chimayo-Rug aufgehängt. Doch es hallte noch immer. Mit einem Akustiker kreierte ich eine grüne Akustikwand, die zusätzlich als Greenscreen dient; diese lasse ich nach jeder Videoaufnahme hinter einem weißen Flächenvorhang verschwinden. Nun habe ich den perfekten Klang.

Welche Lösungen bieten sich an, um Audioprobleme zu minimieren?

- Besorgen Sie sich ein hochwertiges Headset oder ein Standmikrofon, das Sprache in bester Qualität aufnehmen und wiedergeben kann.
- Vorteilhaft wäre auch ein Headset mit Active-Noise-Cancelling-Technologie, die Straßenlärm und Hintergrundgespräche ausblendet.
- Achten Sie auf Multikonnektivität für stabile Verbindungen und das problemlose Wechseln zwischen Smartphone und Laptop.
- Oft reicht auch ein In-Ear-Kopfhörer-Headset.

Fazit: Die Qualität der Kommunikation hängt wesentlich vom Ton ab und dieser wiederum von den technischen Faktoren. Leichteste Schwankungen und Veränderungen werden sofort wahrgenommen.

Je größer der Abstand zwischen Mikrofon und Sprecher, desto schlechter die Tonqualität. Auch die Nebengeräusche nehmen dann zu und sorgen zusätzlich für Ablenkung und Störung. Reduzieren Sie den

Hall. Gehen Sie in einen kleineren Raum oder nutzen Sie eine Mikrofon-Kopfhörer-Kombination. Zur Not helfen auch Dämmmaterialien wie Kissen, Teppiche oder Schaumstoff. Bei Standmikrofonen und eingebauten Laptopmikrofonen ist es wichtig, keine Gegenstände auf dem Tisch hin und her zu schieben und nicht auf der Tastatur zu tippen. Die hierbei entstehenden Geräusche werden verstärkt übertragen und irritieren das Gegenüber zusätzlich.

Wie ein Profi: Frei sprechen oder »nur« vom Teleprompter lesen

»Danke, dass Sie sich diese Woche Zeit genommen haben, um an diesem Meeting teilzunehmen, das dazu dienen sollte, den Status quo im Sinne unserer Zielsetzungen zu ermitteln. Fangen wir an: Wir haben in den letzten Monaten unsere Strategie geschliffen und unser Unternehmensportfolio neu ausgerichtet. Unsere strategische Upselling-Strategie sowie die Lancierung von Qualityprodukten zeigen positive Erfolge. All unsere Bemühungen sind darauf ausgerichtet, unseren Kunden eine einmalige Experience zu bieten«, so der CEO in seiner Steve-Jobs-Rede.

What?! Was soll das heißen? Wohl, dass Ladenhüter ausgemistet und die verstaubten anderen Produkte mit etwas Chichi aufgepeppt werden, um sie anschließend zum doppelten Preis an den Kunden zu verkaufen. Solche Schachtelsätze erschweren oder verhindern sogar das Verstehen. Diese Art von Sprache ist weder bei einer Präsenzveranstaltung und schon gar nicht in der digitalen Welt nachvollziehbar. Leider haben wir in den Unternehmensetagen immer noch genug solcher Bandwurmreden. Und sie sind wertlos! Frei sprechen ist eine Fähigkeit, die erlernt werden kann. Und das Lesen vom Teleprompter ist eine hohe Kunst. Beides erfordert viel Übung.

Zu wem sprechen Sie?

In Webkonferenzen und explizit in Videos sollte Ihre Sprache stets klar und zielgruppengerecht sein. Denken Sie immer daran: Die Atmosphäre, die wir in einer Präsenzveranstaltung oder einem Face-to-Face-Gespräch spüren können, geht im virtuellen Raum verloren.

Ihre Zuhörer / Zuschauer stellen sich unbewusst immer zwei Fragen:

1. Ist die / der Vortragende glaubwürdig?
2. Meint die Person mich?

Ad 1: Wirken Sie glaubwürdig? Strahlen Sie das, was Sie fordern und sagen, auch aus? Leben Sie es? Oder sind es nur Worthülsen? Werden Sie der Erwartungshaltung Ihrer Zuseher gerecht? Sie müssen kongruent wirken, sonst haben Sie einen schweren Stand. Glaubwürdigkeit entsteht durch eine bewusste innere Haltung und eine gute Performance und Leistung.

Ad 2: Wenden Sie sich Ihrem Publikum zu? Sprechen Sie nicht über Themen, sondern sprechen Sie zu den Menschen hinter dem Bildschirm. Durch eine direkte Ansprache, durch Bilder, kurze Sätze und emotionale Geschichten erreichen Sie die Herzen. Machen Sie keine intellektuelle Ansprache, dekoriert mit Wörtern aus dem Fachjargon und endlos langen Schachtelsätzen. Davon haben wir in den Politiker- und Unternehmenstagen genug. Verabschieden Sie sich von leeren Worthülsen.

Das Gehirn mag leichte, abwechslungsreiche, gut gewürzte Kost! Deshalb verankern Sie Zahlen, Daten und Fakten durch anschauliche Beispiele, Bilder, Geschichten.

Testen Sie sich

Wichtig ist nicht, wie Sie sich sehen, sondern was beim Gegenüber ankommt. Suchen Sie sich ganz unterschiedliche Personen Ihres Vertrauens, die Ihnen beim Vortragen und Diskutieren zuschauen und dann Ihre Wirkung auf andere mit Ihnen besprechen. Mein Rat: Suchen Sie auch jemanden, der Sie nicht gut kennt und der Ihre Zielgruppe vertritt.

Wie bereiten Sie nun eine zielgruppengerechte Sprache vor? Stellen Sie sich eine ganz konkrete Person vor. Wenn Sie dem Großvater eine App erklären, werden Sie ganz anders sprechen, als wenn Sie mit einem Gleichgesinnten über Apps fachsimpeln. Genau das ist vor der Kamera unglaublich schwer. Sie sehen nur die schwarze Kameralinse, eine kleine virtuelle Box oder verzögerte Reaktionen. Sie bekommen kein direktes Feedback und können kein Gefühl dafür entwickeln, ob Sie verstanden werden oder nicht. Deshalb verankern Sie diese Person quasi in Ihrem Kopf. Entwickeln Sie gezielt eine Persona, also einen Menschen mit speziellen Eigenschaften, einer bestimmten Einstellung und besonderen Persönlichkeitsmerkmalen. Stellen Sie sich vor jeder Videoaufnahme eine ganz konkrete Person vor. Diesem Menschen erklären Sie den Sachverhalt oder erzählen Sie die Story. Wählen Sie am besten eine Person aus, die Sie persönlich kennen und die zur jeweiligen Zielgruppe passt.

Relativ einfach ist diese Persona-Entwicklung bei einer homogenen Zielgruppe, also wenn Sie zum Beispiel nur zu Lehrkräften sprechen. Komplizierter wird es bei einer heterogenen Zielgruppe. Vor Ort befinden sich Lehrkräfte, Eltern und Kinder. Die Kunst ist, die Inhalte so aufzubereiten, dass alle etwas davon haben.

Persona entwickeln

Damit der Inhalt auch Anklang findet, muss er auf die Zielperson zugeschnitten sein. Versuchen Sie Ihre Zielgruppe zu erforschen und diese zu begreifen. Schreiben Sie sich besondere Merkmale auf:

- Wer ist Ihre Zielgruppe? Zu welchen Menschen sprechen Sie?
- Was sind die speziellen Eigenschaften und Merkmale dieser Zielgruppe?
- Welche innere Haltung vertritt sie?
- Was sind ihre Erwartungen?
- Welches Wording, welche Sprache verwendet sie?
- Worauf reagiert sie positiv?
- Worauf negativ?

Frei sprechen vor unsichtbarem Publikum

Ich habe einmal für einen Vorstand gearbeitet, der so lange brillant sprach, solange keine Kamera in der Nähe war. Wenn es um eine Aufnahme ging, benötigte er die vorgefertigte, geschriebene Rede, die er dann konsequent ablas. Das Resultat: Seine tolle Ausstrahlung zerplatzte wie eine Seifenblase. Sein hoher Anspruch auf Professionalität und Perfektion nahm ihm komplett die Nahbarkeit. Merken Sie sich: Perfektion schafft Aggression! Einzelne Versprecher sind normal und wirken natürlich. Wenige Lückenfüller, hin und wieder eine längere Pause, Wiederholen eines zuvor schlecht artikulierten Wortes – all das gehört zum freien Sprechen.

Wann sind Versprecher intolerabel? Bei relevanten O-Tönen, also kurzen Statements, Kernbotschaften, Appellen. Bei einem wirklich miesen Versprecher sollten Sie es noch einmal drehen. Kommt dieser Versprecher jedoch am Ende oder mitten in einem längeren Video, dann einfach tief Luft holen, sich eine kurze Pause gönnen, dabei stehen bleiben (!), sich sammeln, den Gedanken wieder aufnehmen, am zuvor Gesagten ansetzen und fertig sprechen. Diesen einen Part kann man leicht schneiden.

Sprechen statt Lesen

Bereite ich einen neuen Inhalt für einen Vortrag vor, dann schreibe ich mir das Ganze zuerst wortwörtlich auf. Der Clou dabei ist, die gesprochene Sprache und nicht die Schriftsprache zu verwenden. Ich schreibe, wie ich spreche. Nur mit gesprochener Sprache ist der Empfänger in der Lage, dem Sender entspannt zuzuhören und zu folgen. Wenn Sie also einen Inhalt schriftlich vorbereiten, dann schreiben Sie so, wie Sie im Alltag kommunizieren. Einfache und kurze Sätze. Der Sinn hinter dem geschriebenen Inhalt ist, dass Sie diesen wiederverwerten können: Blogbeiträge, Transkript, Bücher, Interviews, Skripte. Natürlich müssen Sie diesen Inhalt dann bei den meisten Medien in Schriftsprache umwandeln. Doch bevor es zur Niederschrift kommt, empfehle ich Ihnen eine gezielte Struktur.

> Souverän vor der Kamera zu sprechen, wird eine immer
> wichtigere Fähigkeit. Um das zu beherrschen, gibt es drei
> Regeln: Üben, üben, üben.

Struktur statt Intuition

Hören Sie Profirednern zu, dann klingt das meist intuitiv, locker und flockig. Es klingt, als würden sie spontan erzählen, was ihnen gerade einfällt. Doch der Schein trügt: Profiredner sind meistens bis ins kleinste Detail vorbereitet. Ja, sogar der Versprecher wird oft bewusst eingesetzt. Zuhörer merken sich Inhalte leichter, die eine klare Struktur haben und logisch wirken.

Ein Vortrag besteht – wie Sie mit Sicherheit wissen – aus einer Einleitung, einem Hauptteil und einem Schluss. Beginnen Sie mit dem Hauptteil: Schreiben Sie die Hauptpunkte bzw. Kategorien auf, über die Sie sprechen möchten. Diese wiederum unterteilen Sie in Unterthemen. Danach erarbeiten Sie ein Thema nach dem anderen.

Erst zum Schluss überlegen Sie sich, wie Sie den Anfang und das Ende gestalten. Der Anfang ist der wichtigste Teil! Am Anfang überlegt sich der Zuschauer in einem Webinar oder Video, ob er weiterhin konzentriert bei der Sache bleibt oder lieber gleich aussteigt. Der Anfang sollte der Espresso sein. Nein, sogar der doppelte Espresso. Er sollte wach und neugierig machen. Deshalb sagen Sie in einem Video in den ersten Sekunden, worüber Sie sprechen werden und was der Nutzen für den Zuhörer ist. Schaffen Sie Interesse!

Einfache Einstiege

- Direkter Einstieg: »Heute geht es darum, wie Sie … Und hiermit möchte ich Sie alle herzlich begrüßen.«
- Rhetorische Frage: »Wollten Sie auch schon immer wissen, was …? Wenn ja, dann sind Sie hier genau richtig.«
- Verbindung herstellen: »Mit Sicherheit haben Sie auch schon Folgendes erlebt …«

Einstiege, die etwas mehr Vorbereitung erfordern

- Der Klassiker: Zitate. Menschen lieben Zitate. Mit einem gut gewählten Spruch wecken Sie sofort Interesse. Tipp: Wählen Sie ein nicht zu bekanntes, außergewöhnliches Zitat.

- Aktuelle Ereignisse: Wählen Sie ein Thema, das gerade hohe Relevanz besitzt und das jede und jeder kennt. Es sollte aber einen Bezug zu Ihren eigentlichen Inhalten haben.
- Das Versprechen: Machen Sie dem Publikum ein Versprechen: »Am Ende meines Vortrages wird jeder von Ihnen in der Lage sein …!« Wichtig: Halten Sie Ihr Versprechen unbedingt, sonst werden Sie hart bestraft.
- Arbeiten Sie mit einem Anschauungsobjekt: »Was hat dieses Kabel mit der Globalisierung der Welt zu tun?« Oder zeigen Sie eigene Produkte, Printausgaben, Bücher. Ihrer Fantasie sind keine Grenzen gesetzt. Sie müssen nur die Brücke zum Thema schlagen können.
- Fazit senden: Zäumen Sie das Pferd von hinten auf! Bringen Sie am Anfang das Fazit und dann erzählen Sie, wie man dorthin kommt.
- Mit einer Geschichte einsteigen: Der Königsweg sind gute Geschichten. Es reicht aber auch eine kurze Anekdote.
- Präsentieren Sie Zahlen, Daten, Fakten, die überraschen.
- Mal etwas ganz Verrücktes machen! Ein Beispiel: Sie sprechen über eine souveräne Wirkung, demonstrieren aber am Anfang das genaue Gegenteil – und lösen das Ganze anschließend auf.

Die Zuhörer geben Ihnen am Anfang nur sehr wenig Zeit, bis sie die Entscheidung treffen, ob sie dranbleiben oder abdrehen. Der Anfang ist Ihr Türöffner. Schenken Sie ihm besonders viel Aufmerksamkeit!

Überlegen Sie sich auch genau, wie Sie aussteigen. Das Ende müssen Sie immer im Kopf haben, sonst zerreden Sie das Ganze und das Video hinterlässt einen faden Nachgeschmack. Senden Sie zum Schluss einen Appell, weisen Sie auf etwas hin, senden Sie die Kernbotschaft.

Haben Sie den Inhalt und das Strukturblatt vorbereitet, dann sollten Sie in der Lage sein, die gesamte Präsentation auf ein DIN A4 großes Blatt mit Stichwörtern zu skizzieren. Die Stichwörter sind Ihr roter Faden. Sie leiten Sie durch die Inhalte. Ich arbeite sehr viel mit Symbolen. Diese erfasst das Gehirn schneller und sie sind auch aus der Ferne gut zu sehen. Dieses Papier gibt Ihnen viel Sicherheit und es verringert das Risiko, einen entscheidenden Punkt zu vergessen.

Und jetzt beginnt die richtige Arbeit: Üben Sie Ihren Vortrag, Ihre Präsentation! Denken und Sprechen sind zwei verschiedene Paar Schuhe. Sie verankern die Inhalte schneller, wenn Sie fühlen und erleben, was Sie sprechen. Sich den Inhalt einfach immer wieder durchzulesen und dadurch zu merken, klappt nicht. Das kennen Sie vom Erlernen einer Fremdsprache. Wenn Sie die neue Sprache nur passiv hören oder sich die Vokabeln nur durchlesen, werden sie kaum etwas behalten und aktiv anwenden können. Eine fremde Sprache erlernen Sie nur, wenn Sie alles immer wieder ausprobieren. Dann verankern sich Vokabeln wie von selbst. Genauso erlernen Sie auch den Inhalt Ihres Vortrags. Stellen Sie sich am besten vor, dass Sie bereits vor der Kamera stehen und da hinter Ihre Teilnehmer sehen, und dann üben Sie Ihre Rede laut. Üben Sie die Inhalte mindestens drei Mal laut. Und Spicken ist erlaubt!

Emotion statt ZDF

»Zu dem, was ich soeben über die Technik der Rede gesagt habe, möchte ich noch kurz bemerken, daß viel Statistik eine Rede immer sehr hebt. Das beruhigt ungemein, und da jeder imstande ist, zehn verschiedene Zahlen mühelos zu behalten, so macht das viel Spaß«, so Kurt Tucholsky in seinem Text »Ratschläge für einen schlechten Redner«. Wie wahr dieser Ratschlag doch ist, sofern man die Ironie nicht übersieht!

Mit einem reinen ZDF-Vortrag – Zahlen, Daten, Fakten – verlieren Sie so gut wie jeden Zuhörer. Zweifelsohne sind ZDF wichtig, doch nur wenn Sie wichtige Inhalte mit einem visuellen Element verbinden, bleiben sie auch in den Köpfen der Zuhörer hängen. Explizit in der digitalen Welt regen Emotionen das Gedächtnis an. Alles, was den Zuhörer in eine Stimmung versetzt – ob positiv oder negativ –, merkt er sich sofort. Emotionale Momente erzeugen Sie durch eine bildhafte Sprache. Das können Witze, Anekdoten, Vergleiche oder Geschichten sein.

Wie fangen Sie am besten mit einer Geschichte an?

- ◆ **Persönliche Geschichte:** Erzählen Sie von einem Ereignis, das sie selbst erlebt haben. Damit geben Sie etwas von sich selbst preis, das verbindet und es visualisiert. Orientieren Sie sich, wenn möglich, an der Reihenfolge Wann / Wer / Wo? »Letztes Jahr im Mai war ich mit meinem besten Freund in Berlin …« Damit führen Sie die Zuhörer sofort in eine konkrete Situation.
- ◆ **Gemeinsame Geschichte:** Sprechen Sie über eine Geschichte, die vermutlich jeder aus eigener Erfahrung kennt. Nach dem Motto:

»Auch Sie haben das sicher alle schon einmal erlebt ...«, »Kennen
Sie das auch ...?« Solche Geschichten verbinden.

- **»Stellen Sie sich vor«-Geschichte:** Beginnen Sie Ihre Story
  mit der Einleitung: »Stellen Sie sich folgende Situation vor ...«,
  und dann erzählen Sie detailliert Ihre Geschichte. Am besten so,
  als würden Sie das Ganze gerade wieder erleben.

Schlagfertig reagieren in der Videokonferenz

In der digitalen Welt verstärken sich so manche Tendenzen und Verhaltensweisen – und meist nicht zum Guten. Da gibt es Teilnehmer, die
alles andere tun, nur nicht zuhören. Egoisten, deren Selbstdarstellung
oberste Priorität hat. Denunzianten, die über alles und jeden schimpfen.
Besserwisser, die immer ein Konterargument aus der Hosentasche ziehen. Zuspätkommer, die um keine Ausrede verlegen sind. Laisser-faire-
Typen, die alle digitalen Knigge-Regeln unter den Tisch fallen lassen
und ungeniert in Jogginghose und genüsslich frühstückend während
der Videokonferenz am Smartphone texten. Knallharte Verhandler, die
um jeden Preis einen Deal durchsetzen möchten. Die Technik-Ahnungs-
losen, von denen man meist nur »Hört mich jemand?« oder »Könnt ihr
mich sehen?« hört.

Für alle diese extremen digitalen Gesprächspartner sollte man gewappnet sein und im Notfall gekonnt schlagfertig reagieren. Aber wer
kennt das nicht: In genau dem Moment, in dem es darauf ankommt, ist
unser Schlagfertigkeitslevel gleich null. Und dann noch das ungewohn-
te Setting! Doch das muss nicht so sein. Schlagfertigkeit können Sie
ebenso trainieren wie andere kommunikative Skills.

Das rechte Maß finden

Schlagfertigkeit wird als eine spontane, geistreiche Erwiderung bezeich-
net, die exakt in eine Situation passt und das Gegenüber nicht unter der
Gürtellinie trifft. Schlagfertigkeit ist die Kunst, jederzeit die richtigen
Worte zu finden, schwierige Situationen charmant zu entspannen oder im
richtigen Augenblick das treffende Argument zu finden.

Innere Haltung programmieren: Ein Mangel an Schlagfertigkeit resultiert meist aus Unsicherheit. Unangenehme Situationen machen uns quasi mundtot. Allein der Gedanke »Ich bin nicht schlagfertig« führt bei fast jedem zu einem negativen Gefühl. Dieses Gefühl der Unsicherheit oder Unterlegenheit ist dafür verantwortlich, dass uns im entscheidenden Moment die richtigen souveränen Worte fehlen. Arbeiten Sie also an Ihrer inneren Sicherheit. Zum Beispiel durch eine gute Vorbereitung. Ganz wichtig: Legen Sie sich neben guten Argumentationen auch einen effektiven Schutzpanzer zurecht. Das heißt: Nehmen Sie verbale Angriffe nicht immer persönlich, sondern machen Sie sich bewusst, dass Konterargumentationen immer auch ein Hinweis auf Interesse sind. Vergessen Sie außerdem nie, dass Sie mit dem Gegenüber auf Augenhöhe kommunizieren möchten. Dafür brauchen Sie den Mut, verbal zu kontern, das verschafft Ihnen mehr Respekt.

Entspannen Sie sich: Schlagfertigkeit hat auch viel mit Kreativität zu tun. Machen Sie sich zu viel Druck, blockieren Sie diese Kreativität und können umso weniger schlagfertig reagieren. Erst durch eine angemessene innere Gelassenheit sind Sie in der Lage, auf bestimmte Schlagfertigkeitstechniken zurückzugreifen. In einer Stresssituation sind die ersten Reflexe Flucht oder Verteidigung, und genau diese Reflexe hindern Sie daran, spontan zu reagieren. Bleiben Sie daher ruhig, setzen Sie sich nicht unter Druck und Sie werden sehen, die schlagfertigen Antworten kommen von selbst. Schließlich muss es nicht immer die absolut perfekte Erwiderung sein. Das wichtigste Werkzeug, um Druck rauszunehmen, ist übrigens Ihre Atmung. Atmen Sie in stressigen Situationen bewusst ein und aus, schon werden Sie ruhiger.

Souveräne Wirkung: Menschen, die überzeugend wirken, werden seltener angegriffen und automatisch respektvoll behandelt. Sie wirken gelassen, ruhig und stark. Wer hingegen unsicher erscheint, sich klein macht, verschämt wegblickt und dann noch mit zittriger Stimme spricht, kann verbale Angriffe nur schwer abwehren und wirkt beim Versuch einer schlagfertigen Reaktion oft recht unbeholfen. Nicht zuletzt aufgrund der Diskrepanz zwischen gesprochenen Worten und Ausstrahlung. Somit gilt: Wer rhetorisch punkten möchte, muss zuerst überzeugend wirken. Doch was sind die wichtigsten Wirkungselemente, damit schlagfertige Worte auch genauso wahrgenommen werden?

- Körperhaltung: Richten Sie sich auf und nehmen Sie eine selbstbewusste Haltung ein.
- Gesten: Halten Sie Ihre Hände ruhig.
- Blickkontakt: Schauen Sie Ihren Gesprächspartner direkt an.
- Stimme: Sprechen Sie mit sonorer Stimme und eher langsam.

Schon diese simplen Körperspracheregeln haben Einfluss auf Ihre innere Haltung und Sie werden sich automatisch selbstsicherer und stärker fühlen.

Zehn einfache Schlagfertigkeitstechniken, die Sie sofort anwenden können

1. Von der Emotion zur Sache

In einer virtuellen Teamsitzung provoziert ein Kollege Sie mit dem Vorwurf »Ihre Vorschläge sind doch Hirngespinste«. Was Sie jetzt auf keinen Fall tun dürfen: sich rechtfertigen, sich verteidigen oder einen Gegenangriff starten. Antworten Sie stattdessen souverän und gelassen: »Lassen Sie uns alle Argumente ohne Bewertung auf den Tisch legen und danach können wir eine sachliche Entscheidung fällen.« Schwenken Sie bewusst von der emotionalen Ebene auf die Sachebene.

2. Fragen stellen

Mit einer Gegenfrage können Sie Zeit gewinnen, um sich eine knackige Antwort zu überlegen. Schreibt beispielsweise ein Teilnehmer nach einem Webinar im Chat: »Das war nichts Neues und langweilig«, dann haken Sie zuerst nach: »Was genau meinen Sie damit?«, »Was waren Ihre Erwartungen?« oder »Welche Inhalte haben Sie sich gewünscht?«. So gewinnen Sie nicht nur Zeit, sondern auch genauere Informationen, auf die Sie reagieren können.

3. Reden ist Silber, Schweigen ist Gold

In einer Videokonferenz mit einigen Verbandsmitgliedern aus der Industriebranche, an der ich teilnahm, war auch die Assistentin eines schon etwas älteren Geschäftsführers dabei. Nachdem die Besprechung schon geraume Zeit gedauert hatte, brachte die Assistentin eine geniale Lösung für ein Problem vor. Die Reaktion ihres Chefs: »Da sieht man, dass Assistentinnen auch mehr können als nur Kaffee kochen.« Keiner der anderen Konferenzteilnehmer fand das witzig. Im Gegenteil, es gab nur ein langes betretenes Schweigen. Dieses Schweigen war so mächtig, dass besagter Geschäftsführer sich umgehend für seine Aussage entschuldigte. Was lernen wir daraus? Werden Sie auf persönlicher Ebene angegriffen, dann schießen Sie nicht zurück, denn häufig führt diese Reaktion nur zu weiterer Eskalation. Eine deutlich elegantere Lösung ist eine souveräne Schweigeminute. Sagen Sie nichts und blicken Sie der Person dabei nur in die Augen. Das geht auch über die Kameralinse. Sie zeigen damit enorme Größe und aus der unverschämten oder provokanten Aussage wird im Handumdrehen eine peinliche. Danach machen Sie weiter, als wäre nichts gewesen. Mit dieser Strategie disqualifiziert sich der Angreifer selbst.

4. Zwei-Silben-Taktik

Fallen Ihnen in der Videokonferenz partout nicht die passenden Worte ein, dann reagieren Sie einfach fix mit zwei Silben, um einen verbalen Angriff abzuwehren und ihn als irrelevant hinzustellen. Zweisilbige Kommentare sind zum Beispiel »Aha!«, »Ach wirklich!«, »Nein, echt!«, »Soso!«. Diese Taktik wirkt aber nur, wenn Sie danach eine bewusste Pause einlegen und es dabei belassen, selbst wenn Sie gerne noch ein schlagfertiges Argument nachlegen würden.

5. Die Klassiker

Klassische schlagfertige Sprüche kann man bei fast jeder Beleidigung und jedem negativen Kommentar anwenden. Dazu gehören Aussagen wie: »Das ist Ihre Perspektive. Es gibt aber noch andere«, »Das kann jeder sagen«, »Dazu gibt es aber auch noch andere Fakten, Meinungen, Ideen«, »Dazu kann ich nichts sagen«. Haben Sie einige solche »Totschlagargumente« parat und nehmen Sie damit einem unliebsamen Thema einfach den Wind aus den Segeln.

6. Lernen Sie von anderen

Politiker, Entscheidungsträger oder Promis haben es gelernt, schlagfertig zu reagieren. Lernen Sie von diesen Menschen: Hören Sie den Gesprächen schlagfertiger Menschen zu und suchen Sie wenn möglich selbst die Kommunikation mit ihnen. Schauen Sie sich Talkshows oder Interviews an und sammeln Sie schlagfertige Antworten. Setzen Sie sich allein vor den Fernseher und nehmen Sie aktiv an den Diskussionen teil.

Und dann nehmen Sie die besten Antworten, die auch zu Ihnen passen, mit in die nächste Videokonferenz.

7. Ja-aber-Taktik

Oberstes Ziel sollte immer sein, respektvoll zu agieren und Gesprächspartnern auf Augenhöhe zu begegnen. Sprechen Sie mit jemandem, der nur seine eigene Meinung gelten lässt, sollten Sie Ihr Gegenüber zuerst abholen und sanft stimmen, bevor Sie zum Konter übergehen. Erst zustimmen, dann widersprechen, lautet die Devise. »Ja, das ist ein guter Punkt, den Sie erwähnen, aber ich denke, die folgende Perspektive spielt auch eine Rolle.« So fühlt sich der Gesprächspartner gehört und verstanden und wird offener für Ihre Sichtweise.

8. Mit Empathie

Hinter beißenden Bemerkungen von Kollegen oder Partnern steckt oft ein persönlicher Grund. Neid, privater Stress, Sorgen oder Angst könnten den Gesprächspartner belasten. Diese psychischen Belastungen erzeugen ein fast schon bösartig wirkendes Verhalten; dabei können unangenehme Aussagen auch ein unbewusster Hilferuf sein. Hier ist es ratsam, vorerst sachlich zu bleiben und beizeiten, am besten unter vier Augen oder im Zweierchat, vorsichtig nachzufragen, wie es dem Kollegen zurzeit geht.

9. Üben, üben, üben

Es gibt wenige Naturtalente, denen echte Schlagfertigkeit in die Wiege gelegt wurde. Die meisten lernen mit den Jahren und auf Basis zahlreicher Erfahrungen, ihre Schlagfertigkeit auszubauen. Und durch kontinuierliches Üben! Hilfreich für kreative Konter ist zum Beispiel ein gutes Allgemeinwissen. Wer sich regelmäßig mit neuen Informationen und Themen beschäftigt, fördert wiederum seine Sprachkompetenz und erreicht so ein schnelleres Denkvermögen. Üben Sie außerdem, respektvoll zu kontern. Und vergessen Sie nicht: Der Mut zum verbalen Agieren ist der erste Schritt zu mehr Schlagfertigkeit.

10. Mit Humor entwaffnen

Auf eine unangemessene Bemerkung mit Humor zu reagieren und dabei gelassen zu bleiben, ist wirklich bewundernswert und wirkt oft so, als sei diese Gabe demjenigen in die Wiege gelegt worden. Doch das

lässt sich trainieren. Wenn Sie eine Prise Humor einsetzen, dann sollten Sie mit deutlichen nonverbalen Signalen zeigen, dass Ihre Aussagen
nicht ganz ernst zu nehmen sind. Dazu müssen Sie, vor allem wenn Sie
in einem kleinen Videobild stecken, mit Ihrem Mienenspiel übertrei-
ben. Bringen wir Menschen zum Schmunzeln, dann bricht das Eis und
schlagartig sieht die Situation anders aus. Am besten agieren Sie mit ein
wenig Ironie und nehmen sich selbst auf die Schippe.

Wenn Ihre Kollegin im Videomeeting entnervt sagt: »Du bist so ein
sturer Kopf«, so antworten Sie: »Da haben wir ja was gemeinsam.«
Schmunzeln Sie dabei und machen Sie große Augen. Nehmen Sie sich
selbst nicht zu ernst. Über sich selbst zu lachen ist eine hohe Kunst.

Den Teleprompter optimal nutzen

Ich kann mich noch gut erinnern: Es ist etwa 15 Jahre her, dass Pro7
mich als Psychologin und Expertin für Wirkungskompetenz für die Re-
portage »Der Glücksreport« engagierte. Große Teile meines Auftritts
wurden geskriptet und ich musste meine O-Töne, also zeitlich festgeleg-
te Statements, vom Teleprompter lesen. Das klang wunderbar einfach.
Tatsächlich war es ein Desaster. Warum? Einen Menschen, der es gewohnt ist, frei zu sprechen, plötzlich vor einen Teleprompter zu setzen,
führt nicht zu natürlich wirkenden Statements, sondern vielmehr zu
einer dramatischen Künstlichkeit. Ich wirkte unauthentisch. Doch Gott
sei Dank hab ich die Gelegenheit genutzt, es mir von Profis beibringen
zu lassen, und seitdem profitiere ich häufig von dieser Technik. In längeren Sequenzen spreche ich immer frei. Habe ich aber nur einen kurzen
Take aufzunehmen und muss das Wording einer spezifischen Unterneh-
mensbranche treffen, dann ist der Teleprompter eine große Hilfe und
schont die Nerven aller Beteiligten. Allerdings ist es ein Irrglaube, dass
das Lesen vom Teleprompter eine große Zeitersparnis mit sich bringt,
denn die Vorbereitung ist immens.

In der Coronapandemie erlebten Videoaufnahmen einen regelrechten
Boom, zum Beispiel um als Geschäftsführer den Kontakt zu den Mitarbeitern zu halten. Doch Videoaufnahmen sind aufwendig und anstrengend. Meist benötigt man fünf Anläufe, damit einer davon halbwegs
akzeptabel ist. Viele Einsteiger setzten daher auf einen Teleprompter
und erreichten damit das Gegenteil. Gewünschte Effekte – zum Beispiel

Vertrauen aufbauen, Nähe halten, Anerkennung geben oder Visionen vermitteln – stellten sich überhaupt nicht ein. Stattdessen klangen die Videostatements wie abgelesene emotionslose Ansprachen.

Wozu Teleprompter?

Teleprompter werden in Nachrichtensendungen, Fernseh- und Filmproduktionen, Vorträgen von Youtubern oder Moderationen eingesetzt, um beim Zuschauer den Eindruck zu erwecken, man würde den Blickkontakt halten und frei sprechen.

Was sind die wirkungsvollsten Tipps für die Verwendung eines Teleprompters?

Einfach texten – Klingt leicht, ist es aber nicht

Die allerwichtigste Regel: Schreiben Sie den Text für die Aufzeichnung mit dem Teleprompter so, wie Sie reden! Was sich gut liest, klingt gesprochen meist viel zu kompliziert. Verwenden Sie kurze Sätze, eine einfache Sprache, viele Verben, wenig Substantivierungen. Mit einem Text in gesprochener Sprache sind Sie in der Lage, das Geschriebene mit Ihren Augen schnell zu erfassen und können so häufiger Ihre Augen entspannen. Verwenden Sie Schachtelsätze, also über mehrere Zeilen, dann kann das Auge den Sinn des Satzes nicht erfassen und Ihr Text klingt abgehackt und zerstückelt. Sie müssen einen Satz auf einen Blick erfassen können und fühlen, was Sie sagen werden. Gute Redner denken zuerst, fühlen dann, was sie sagen, und erst dann sprechen sie. Diese Unmittelbarkeit hinterlässt beim Zuseher einen authentischen Gesamteindruck.

Teleprompter verwenden meist reine .txt-Dateien, was einige Stolperfallen birgt. Achten Sie beim Verfassen des Textes auf Folgendes:

Betonung von Wörtern

Wenn Sie Textstellen hervorheben möchten, um sie zu BETONEN, verwenden Sie bitte GROSSBUCHSTABEN. Andere Auszeichnungsarten wie farbige oder fette Buchstaben können am Teleprompter nicht dargestellt werden.

Kurze Sätze

Eine bis drei Minuten Redezeit entsprechen etwa 0,75 bis 1,5 Seiten – abhängig von Ihrem Sprechtempo.

Keine Sonderzeichen

Umlaute besser als Doppellaute (ae, oe, ue) schreiben. Auf andere Sonderzeichen und kursiven, unterstrichenen oder fetten Text am besten ganz verzichten.

Sprechtempo und Schriftgröße sind entscheidend

Ein Teleprompter verleitet zum schnellen Lesen. Lassen Sie sich Zeit. Der Zuhörer muss das Gesagte verarbeiten können. Achten Sie deshalb auf Betonung, Pausensetzung und Stimmlage. Mehr zum Thema Stimme finden Sie in Kapitel 2 unter der Überschrift »Sprache – Ohne Stimme keine Stimmung«. Neben dem richtigen Tempo ist auch die passende Schriftgröße wichtig. Eine zu kleine Schrift auf dem Teleprompter verhindert ein flüssiges Lesen. Außerdem kneifen Sie dann automatisch die Augen zusammen und verschlechtern dadurch Ihre Wirkung. Ist die Schrift zu klein, wird auch der Zuschauer merken, dass Sie die Zeilen mit den Augen »abscannen«. Ihre Pupillen wandern von links nach rechts. Ist die Schrift allerdings zu groß, können Sie den Text ebenfalls kaum flüssig vortragen, weil Sie immer auf die nächste Zeile warten müssen und nur Wort für Wort vorlesen. Sie erfassen nicht den Zusammenhang und es wirkt ebenfalls abgelesen.

Technik

Um einen Text flüssig zu lesen, müssen Sie unbedingt ausprobieren, wie schnell der Text über die Glasscheibe laufen sollte. Steuern Sie mit der Fernbedienung den Text zu langsam, dann stocken Sie beim Sprechen und warten auf die nächste Textzeile. Ist es zu schnell, dann ist der Text weg und Sie kommen nicht mehr ins Thema. Optimal wäre, wenn Sie jemanden hätten, der den Textdurchlauf nach Ihrem Sprechtempo steuert.

Gesichtsausdruck und Gesten

Wenn Sie mit einem guten Freund sprechen, dann verstärken Sie das Gesagte automatisch mit Mimik und Gesten. Alles andere wäre unnatürlich. Sind Sie jedoch mit dem Inhalt eines Textes nicht vertraut, dann konzentrieren Sie sich nur noch auf das Lesen und jegliche nonverbalen Signale gehen verloren. Sie wirken stocksteif und marionettenhaft. Entscheidend ist daher, sich vorab intensiv mit dem Textinhalt zu befassen. Wenn Sie sich dann noch vorstellen, dass Sie mit Freunden sprechen, wird Ihre Performance automatisch natürlicher.

Klären Sie folgende Fragen vor dem Kauf eines Teleprompters für den Eigengebrauch:

- Hält Ihr vorhandenes Stativ die zusätzliche Belastung neben Kamera und Teleprompterzubehör aus?
- Ist das Teleprompterzubehör kompatibel mit Ihrem Stativ?
- Haben Sie ein Tablet, auf das Sie eine Telepromptersoftware aufspielen können, und passen die Abmessungen?
- Ist das Ganze kompatibel mit iPad oder Android?
- Ist eine Fernbedienung enthalten?
- Haben Sie die verschiedenen App-Anbieter geprüft?

Mehr Schaden als Nutzen

Sie müssen sich mit dem Teleprompter vertraut machen. Das geht nur, wenn Sie den Umgang damit üben, üben, üben. Wirken Sie nach häufigem Üben noch immer nicht authentisch, dann liegt es Ihnen vielleicht einfach nicht, vom Teleprompter zu lesen. Lassen Sie es besser bleiben und sprechen Sie stattdessen frei. Verwenden Sie alternativ beispielsweise Moderationskarten. Aber Achtung: Auf Moderationskarten dürfen nur Stichwörter!

Dos and Don'ts in Videokonferenzen

Checkliste für eine gelungene Videokonferenz

- Seien Sie überpünktlich, führen Sie 30 Minuten vorher einen Check durch.
- Ist der Raum ordentlich?
- Nutzen Sie ein mobiles Gerät für die Konferenz, dann wählen Sie einen ruhigen Ort ohne störende Geräusche, damit alle ungestört konferieren können.

- Haben Sie alle Unterlagen parat? Stichwortzettel, Checklisten, Texte?
- Ist der Hintergrund passend?
- Ist der Raum gut ausgeleuchtet?
- Prüfen Sie die Bildeinstellung und den Kamerawinkel. Ist die Kamera in Augenhöhe?
- Sieht man Sie gut auf dem Bildschirm? Stellen Sie sicher, dass man Ihren Kopf und Oberkörper sehen kann. Deaktivieren Sie die Kamera.
- Überprüfen Sie die WLAN-Verbindung und ob alle Geräte funktionieren.
- Prüfen Sie das Mikrofon und schalten Sie es stumm.
- Treten technische Störungen auf, ist es Ihre Aufgabe, diese vor der Konferenz zu beheben. Bedenken Sie, nicht immer ist ein Techniker greifbar.
- Jetzt schnell stylen und glänzende Stellen abpudern.
- Nun ist es Zeit für einen Espresso!
- Beginnt die Konferenz, dann aktivieren Sie die Kamera und heben Sie die Stummschaltung auf. Damit testen Sie, ob alle Sie verstehen. Schalten Sie dann das Mikrofon stumm, wenn Sie nicht sprechen.
- Ebenso zentral ist eine gut ausgearbeitete Meeting-Agenda mit klaren Zielen, damit alle Teilnehmer wissen, was im Webmeeting erreicht werden soll.
- Geben Sie Videokonferenzregeln im Vorfeld vor oder erstellen Sie sie gemeinsam im Team. Diese könnten lauten: Wir starten unsere Onlinemeetings pünktlich. Wir stellen vor der Videokonferenz sicher, dass unsere Technologie (Video / Audio / WLAN) funktioniert. Wir stellen alle Geräte, die wir nicht wirklich brauchen, aus oder auf stumm. Wir folgen der Agenda und haben die Zeit stets im Blick. Wir sorgen dafür, dass immer nur eine Person spricht.
- Menschen fühlen sich in Videokonferenzen oft weniger verantwortlich. Deshalb: in Onlinemeetings Webcam aktivieren, damit Teilnehmer sich eher engagieren und zur positiven Zusammenarbeit beitragen.
- Bauen Sie Zeit für Rückfragen ein.
- Beziehen Sie Konferenzteilnehmer aktiv in die Unterhaltung mit ein.

Videochat-Knigge

◆ Kleiden Sie sich angemessen.
◆ Essen oder kauen Sie während des Meetings nicht, auch wenn das Mikrofon auf stumm geschaltet ist.
◆ Halten Sie Blickkontakt. Kleben Sie ein Post-it über die Kamera.
◆ Blicken Sie freundlich. Lächeln Sie auch mal.
◆ Vermeiden Sie klackende laute Geräusche, die von Armbändern, Ringen, klopfenden Fingern oder Gläsern ausgelöst werden.
◆ Achten Sie auf Ihre Körpersprache.
◆ Schalten Sie Ihr Smartphone leise und legen Sie es beiseite.

Sie haben nun einen Überblick darüber, welche virtuellen Plattformen und Videokonferenzmöglichkeiten es gibt. Sie wissen, wie Sie das richtige Setting erstellen und was Sie tun müssen, um sich optimal vorzubereiten. Sie wissen auch, ob Sie generell lieber frei sprechen oder ob der Teleprompter in bestimmten Situationen eine Option für Sie ist. Was Sie noch nicht wissen: Wie schaffen Sie es, überzeugend und souverän auf dem Bildschirm oder vor der Videokamera zu wirken? Genau damit befassen wir uns im folgenden Kapitel. Denn eines ist klar: Wirken Sie nicht gut, werden Sie nicht gesehen, nicht gehört und auch nicht verstanden.

2. Virtuelle Körpersprache – Vor der Kamera ist alles etwas anders

»Wir sind gleichzeitig Zuschauer und Schauspieler
im großen Drama des Seins.«
Niels Bohr, dänischer Physiker

»Ton ab!«, »Klappe!«, »Filmtitel, Szene 3.3, Take 1!«, »Klappe!«, »Set!«, »Und, bitte!«, tönt es aus der Regie. Nach diesem verbalen Startschuss tritt der Darsteller vor die Kamera. Ein klassisches Prozedere bei professionellen Aufnahmen. Die Kamera läuft und die Person muss ihre Performance, ihre Leistung abliefern. Sie hat sich vorbereitet, innerlich eingestimmt und muss wirken. Dafür wird sie bezahlt. Nicht viel anders ist es, wenn wir zoomen, skypen, webexen, facetimen oder filmen. Auch hier ist eine Inszenierung gefragt. Unsere Inszenierung.

Das Wort Video stammt aus dem Lateinischen und bedeutet »Ich sehe (dich)«. Wenn es um »digitales Sehen« geht, sollten Sie zwei Dinge unbedingt im Hinterkopf behalten: 1. Sie können durch die Aufzeichnung der Aufnahmen verewigt werden. Jede Ihrer nonverbalen Regungen kann später unzählige Male abgespielt werden. Auch in Zeitlupe. Wer genauer hinschaut, wird ein kleines Zucken im Gesicht dann vielleicht als Zeichen der Verachtung auslegen. 2. Ihr Verhalten und Ihre Wirkung wirken digital intensiver als im realen Gespräch. Das sollte jedem bewusst sein, der sich in die virtuelle Welt begibt.

Was die Körpersprache in Videos, Videocalls oder -konferenzen angeht, gibt es enormen Verbesserungsbedarf. Wenn Sie einige der folgenden Tipps und Tricks verinnerlichen und anwenden, haben Sie die Chance, bei Ihrem nächsten virtuellen Termin mit Ihrer Wirkung und Ihrer Körpersprache zu überzeugen. Ich bin sicher: Auch in der virtuellen Welt ist die nonverbale Sprache der verbalen übergeordnet. Das bedeutet natürlich nicht, dass der Inhalt keine Relevanz hat. Er ist wichtig und ich gehe davon aus, dass Sie ohnehin glänzend vorbereitet sind. Doch nur wenn Sie verbale und nonverbale Wirkungselemente optimal miteinander verbinden, werden Sie gesehen, gehört und auch verstanden.

Erinnerungsanker setzen – Durch viele kurze Wiederholungen zum neuen Verhalten

In diesem Kapitel ist Körperarbeit gefragt. Sie sollten sich mit bestimmten Gesten, Haltungen und Verhaltensweisen vertraut machen. Vieles wird Ihnen ungewohnt, ja sogar komisch erscheinen. Damit Ihre Körperhaltung, der korrekte Einsatz von Gesten, das Abtrainieren von Macken usw. so schnell wie möglich zur Gewohnheit wird, sollten Sie mehrmals täglich trainieren. Doch wie schnell vergisst man das im Alltag! Es gibt einige erprobte Methoden, die Ihnen helfen, sich im Alltag immer wieder daran zu erinnern.

Post-it-Methode

Verteilen Sie überall in der Wohnung, und wenn möglich auch am Arbeitsplatz, Post-its, die Sie daran erinnern, beispielsweise auf Ihre Körperhaltung zu achten. Welche Räume und Stellen suchen Sie im Lauf des Tages häufiger auf? Ich denke da an Badezimmer, Esstisch, Vorratsschrank. So werden Sie häufiger daran erinnert. Wichtig: Sobald Sie diese Zettel nicht mehr wahrnehmen, kleben Sie sie woanders hin. Das Gehirn gewöhnt sich sonst daran und nimmt die Post-its nicht mehr als Anker wahr.

Der Smartphone-Trick

Wir schauen tagtäglich zigmal auf unser Smartphone, oder? Nutzen Sie diese Gewohnheit als Erinnerungsanker. Stellen Sie den Smartphone-Wecker, der Sie ein paar Mal am Tag daran erinnert, eine bestimmte Übung auszuführen.

Der Gewohnheitsanker

Um sich an neue Gewohnheiten zu erinnern, verknüpfen Sie diese am besten mit bestehenden Gewohnheiten. Dann stoßen Sie im Laufe des Tages immer wieder automatisch darauf. Welche Gewohnheiten bieten sich dafür an?

- Beim Telefonieren: Stehen Sie immer auf, wenn Sie telefonieren, und achten Sie dabei auf Ihre Haltung.
- Beim Trinken: Bevor Sie zum Glas greifen, prüfen Sie Ihre Haltung.
- Bei Kurznachrichten: Sobald Ihr Handy piept, erinnern Sie sich an Ihren Rücken.

Veränderung braucht Zeit! Aber je öfter Sie üben, umso schneller wird die neue Haltung, Gestik, Mimik zur Gewohnheit, und schon bald werden Sie all das automatisch ausführen.

Körperhaltung – Spielen Sie König/in

Denken Sie an Ihre letzten Videokonferenzen. Können Sie sich noch an die Körperhaltung bestimmter Kollegen oder Freunde erinnern? Gab es Personen, die besonders präsent oder engagiert wirkten und Ihnen über den Bildschirm das Gefühl vermittelten, einen echten Kontakt zu Ihnen aufzubauen? Anderen hingegen fehlte sichtlich Energie, manche wirkten gelangweilt oder gestresst und bedrückt. Und so weiter.

Unbewusst beurteilen wir immer die Stimmungslage unserer Gesprächspartner am Bildschirm. Die Körperhaltung, also die Art und Weise, wie Menschen ihren Körper halten, veranlasst uns zu bestimmten Interpretationen. Sie spielt eine große Rolle in der Körpersprache. Sie sendet Signale und erzeugt Wirkung. Vergleichen Sie den »Schreibtischlümmler« mit dem »Thronenden« (Bilder Nr. 9 / 10). Keine Frage, welche Person mehr Aktivität ausstrahlt, oder?

Royale Haltung

Für Spitzensportler ist eine aufrechte Körperhaltung ein entscheidendes Element, um dem Gegner gegenüber selbstbewusst zu erscheinen und sich selbst auf das Wettspiel einzustimmen. In meiner Jugendzeit war meine Haltung alles andere als aufrecht. Mit 13 Jahren schon 1,80 Meter groß zu sein, elend lang wirkende Gliedmaßen zu haben und immer auf die kleineren Mitschüler hinabzublicken, ließ meine Körperhaltung zusammensacken und mich

9 Lümmeln Sie nicht im Stuhl herum ...

10 ... sondern setzen Sie sich eine imaginäre Krone auf den Kopf – wie ein/e König/in.

unsicher wirken. Das Erste, was ich beim Sport lernte, war: »Spiele Königin!« Das wirkte selbstbewusst, motiviert und stark. Der nette Nebeneffekt: Diese aufrechte Körperhaltung hatte auch Einfluss auf meine mentale Stärke. Das Gesetz der Reziprozität lässt grüßen!

Soziologen und Psychologen haben herausgefunden, dass Körper und Geist in enger Beziehung stehen, ja, dass sie untrennbar miteinander verbunden sind. Das, was wir fühlen, spiegelt sich in der Körperhaltung wider. Das Spannende ist, dass wir durch die Körperhaltung auch Einfluss auf unsere Gedanken nehmen.

So machten die Sozialpsychologin Jessica Tracy und der Psychologe David Matsumoto die faszinierende Entdeckung, dass es eine bidirektionale Beziehung zwischen der physischen Ausdehnung und der geistigen Haltung gibt (2008). Die Körpersprache von Gewinnern und Verlierern ist weltweit nahezu identisch. Ja, sie zeigt sich sogar bei Menschen, die von Geburt an blind sind. Es handelt sich also um ein universelles Element. Solche Reaktionen sind offenbar weder imitierte noch erlernte Verhaltensweisen, sie sind vielmehr tief im Inneren des Menschen gespeichert.

Denken Sie an Kampfsportler: Kaum ist der Sieg errungen, bläst sich der Gewinner auf. Die Brust weitet sich, er hebt den Kopf, sein Rückgrat wird kerzengerade und oft reißt er seine Arme in die Höhe – eine klassische Siegerpose. Der Verlierer hingegen scheint vor Enttäuschung in sich zu versinken: Sein Rücken wird zu einem Buckel, er neigt den Kopf nach unten und seine Schultern hängen kraftlos herab. Tracy und ihre Kollegen konnten auch aufzeigen, dass Menschen, die glücklich, selbstbewusst, begeistert oder erfolgreich sind, sich automatisch körperlich ausdehnen und mehr Raum einnehmen (Chenga, Tracy, Henricha 2010). Wer sich dagegen schwach, unsicher, gelangweilt oder beschämt fühlt, zieht sich zusammen und versucht quasi, sich unsichtbar zu machen, um aus der unangenehmen Situation zu verschwinden.

Was hat das mit der Präsenz in digitalen Kommunikationssituationen zu tun? Eine ganze Menge.

Ihr Ausdruck erzeugt beim Gegenüber einen Eindruck, immer!

Souveräne Körperhaltung im Sitzen

In virtuellen Settings senden wir durch unsere Haltung eine bestimmte Botschaft. Doch gehen wir ins Detail: Sitzen Sie mit hängenden Schultern oder einem krummen Rücken vor Ihrer Webcam, senden Sie nonverbale Botschaften wie »Ich bin müde«, »Ich habe keine Energie« (Bild Nr. 11). Und mit der Zeit werden Sie sich auch so fühlen. Sitzen Sie jedoch mit geradem Rücken, dann signalisieren Sie »Ich bin wachsam, selbstbewusst und motiviert« (Bild Nr. 12). Das Gute daran: Wenn Sie diese Haltung verinnerlichen, wirken Sie nicht nur selbstsicher, sondern verstärken dieses Gefühl auch in sich selbst.

Sehen Sie sich diese Fotos an. Mit welcher Person würden Sie lieber in einem virtuellen Meeting sitzen? Welcher Person trauen Sie eher zu, dass sie ihre Ziele, ihr Anliegen durchsetzt? Natürlich derjenigen, die

Ein eingefallener Oberkörper lässt
Sie müde erscheinen.

Ein aufrechter Oberkörper wirkt
engagiert und motiviert.

aktiv und motiviert wirkt. Auch wenn wir in einem virtuellen Meeting meist nur den Oberkörper sehen, ist es für Ihre Gesamtwirkung wichtig, dass Sie beide Beine fest auf den Boden stellen, Ihre Wirbelsäule aufrichten, die Schulterblätter Richtung Hosentaschen ziehen und sich eine imaginäre Krone auf den Kopf setzen, kurzum: Spielen Sie König/in!

Alternative Sitzmöbel

Besorgen Sie sich ein Luftsitzkissen! Darauf sitzen Sie automatisch aufrecht und dynamisch und wirken präsent, selbstsicher und positiv. Diese Sitzhaltung stärkt gleichzeitig Ihre Muskulatur und fördert die Durchblutung. Das wiederum mobilisiert Ihre Wirbelsäule und die Bandscheiben werden entlastet.

Keine Chance dem Tech-Neck-Buckel

Wie oft haben Sie heute schon auf Ihr Smartphone gestarrt? Durchschnittlich verbringen Smartphone-Besitzer zwei bis vier Stunden damit – und das täglich. Im Jahr kommen auf diese Weise zwischen 700 und 1400 Stunden zusammen, Tendenz steigend. Das allein ist schon besorgniserregend. Problematisch ist zudem, welche Haltung wir dabei für gewöhnlich einnehmen. Je schiefer der Kopf, umso größer die Belastung für den Nacken: Bei einer Neigung des Kopfes um 30 Grad Richtung Brustbein ziehen rund 18 Kilogramm an den Halswirbeln, bei 45 Grad bereits 24 Kilogramm und bei 70 Grad Neigung sind es unglaubliche 28 Kilogramm. Der New Yorker Chirurg Kenneth Hansraj befürchtet, dass das ständige Starren auf das Smartphone ernste Haltungsschäden hervorruft und zum Tech-Neck-Buckel führt (2014).

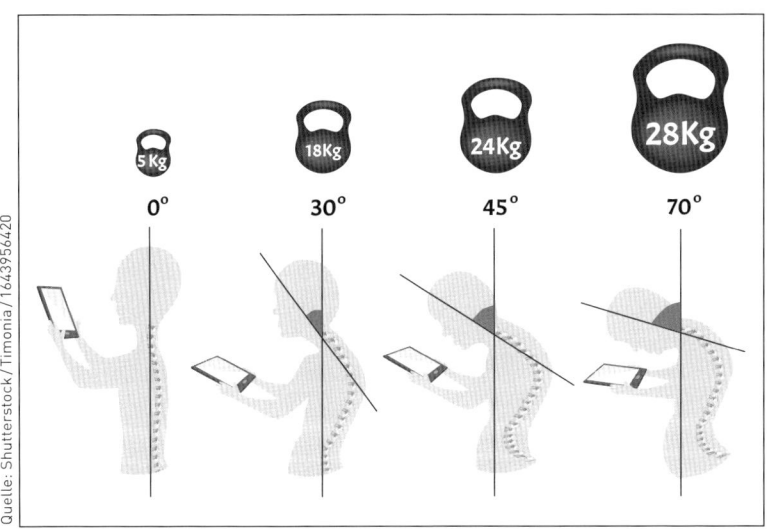

Der Tech-Neck-Buckel: So wirkt sich das häufige Starren auf Smartphone, Tablet & Co. auf unsere Haltung aus.

Nun machen wir diese Bewegung leider nicht nur beim Blick auf das Smartphone, sondern auch häufig beim Laptop. Eine Kamera ist wie ein Magnet. Sie zieht den Kopf an. Ja, man kann nicht nur vom Smartphone-Nacken, sondern auch vom Laptop-Nacken sprechen – dieser Rundrücken führt zu einer enormen Überbelastung des Nackens. Und durch diese Haltung entsteht eine Untersicht: Wir blicken von oben nach unten in die Kamera oder schieben das Kinn nach vorne.

Warum Sie diese Haltung unbedingt vermeiden sollten? 1. wirken Sie in dieser Position nicht gerade attraktiv, 2. belasten Sie dadurch unnötig Ihre Wirbelsäule und 3. machen Sie einen Buckel, der weder gesund noch schön ist. Wie lässt sich dieser Haltung entgegenwirken? Ganz einfach: Setzen Sie sich – wie bereits erwähnt – eine imaginäre Krone auf den Kopf, die Sie nur in aufrechter Haltung balancieren können. Bringen Sie die Laptopkamera und das Smartphone in Richtung Augenhöhe. Durch die aufrechte Haltung entlasten Sie den Nacken, wirken überzeugender und Sie öffnen außerdem den Brustraum – die Voraussetzung für eine voluminöse und kräftige Stimme.

Aufrecht!

Hilfreich für eine gute Haltung und die Entlastung des Nackens kann auch ein Haltungstrainer sein – eine Art Rückengurt für eine verbesserte Körperhaltung. Am effektivsten helfen regelmäßige und gezielte Rückenübungen.

Legen wir den Fokus noch einmal auf eine aktiv wirkende Sitzhaltung:

13

14

Lümmeln Sie nicht im Stuhl herum.

Nehmen Sie eine aufrechte Sitzhaltung ein; damit wirken Sie engagierter.

Sitzen Sie nicht – als seien Sie auf dem Sprung – auf der Stuhlkante; genauso ungünstig wirkt das Herumlümmeln auf dem Stuhl, als säßen Sie zu Hause auf dem Sofa (Bild Nr. 13 auf der vorherigen Seite). Achten Sie auf eine offene und aktive Sitzhaltung (Bild Nr. 14, ebenda): Nehmen Sie den Stuhl, auf dem Sie sitzen, ganz ein. Dann heben Sie Ihr Brustbein an, halten den Kopf gerade und stellen beide Beine auf den Boden. Nun nehmen Sie Raum ein. Legen Sie die Hände nicht in den Schoß und verschränken Sie diese nach Möglichkeit nicht. Auf keinen Fall sollten Sie Ihre Hände verknoten oder gar schüchtern zwischen den Beinen vergraben. Besser: Legen Sie hin und wieder die Arme locker auf die Stuhllehnen oder – falls es keine gibt – links und rechts auf den Tisch. Damit nehmen Sie mehr Raum ein und Ihre natürliche Gestik kommt besser zum Tragen. In dieser Sitzposition wirken Sie aktiv und handlungsbereit. Und diese Energie ist auch in der digitalen Welt spürbar.

Souveräne Körperhaltung im Stehen oder Gehen

In einem Video wirkt alles mächtiger. Eine unangemessene Haltung, das Wechseln von einem auf das andere Bein und jede unharmonische Bewegung werden wie durch eine Lupe verstärkt wahrgenommen. Und jeder – egal ob Chefin, Abteilungsleiter oder »ganz normale« Mitarbeiterin – hat da so ihre bzw. seine Eigenheiten. In meinen Coachings konnte ich jedoch in wenigen Einheiten mit den unterschiedlichsten Persönlichkeiten die für sie passende Wirkung erarbeiten.

Stehen und gehen – das klingt so selbstverständlich und so banal, doch etwas zu kennen und es zu können, sind zwei Paar Schuhe. Schauen wir uns den Unterschied zwischen Stehen und Gehen an.

Optimale Ausgangsposition

Absolvieren Sie Ihre virtuellen Meetings im Stehen (oder Videoaufnahmen, während Sie gehen), dann achten Sie zunächst auf eine optimale Ausgangsposition. Das ist die Körperhaltung, die Sie einnehmen sollten, bevor das rote Licht angeht. In den meisten Situationen erfordert eine Videoaufnahme einen ruhigen Stand. Setzen Sie sich dafür am besten Markierungen am Boden. Diese Markierungen zeigen Ihr Zentrum, den Bereich, in dem Sie stehen sollten, damit Sie optimal zur Wirkung

15

16

Basteln Sie sich mit Kreppband ein T-Symbol, das als Orientierung dient.

Für einen festen Stand stellen Sie sich auf zwei Kreise.

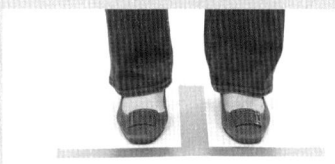

kommen. Professionell ausgeführt, besteht die Markierung aus einem T-Symbol, dessen Querlinie ruhig etwas länger ausfallen kann. Verwenden Sie dafür zum Beispiel Kreppband. Die Querlinie zeigt, bis wohin sie gehen sollten, und die Längslinie markiert die Mitte zwischen Ihren Füßen (Bild Nr. 15). Alternativ kleben Sie sich einfach zwei Markierungspunkte auf den Boden, platzieren Sie Ihre Füße darauf und dann stellen Sie sich gedanklich vor, wie Sie daran festkleben (Bild Nr. 16). Ich garantiere Ihnen, Ihre Vorstellungskraft genügt, damit Sie standhaft bleiben wie ein Fels in der Brandung.

17

Stehen Sie nicht auf einem Bein, das wirkt unsicher.

18

Nutzen Sie für eine optimale Haltung den Erbsen-Daumen-Trick.

Der Erbsen-Daumen-Trick für die optimale Haltung

Stehen Sie in Hüftbreite fest auf beiden Beinen. Frauen sollten nicht zu schmal stehen und Männer keine Machopose mit zu weitem Stand wählen. Nun stellen Sie sich vor, dass Sie sich eine Erbse zwischen die Pobacken klemmen. Halten Sie diese gedanklich fest, um eine optimale Körperspannung zu erzielen. Lassen Sie jetzt die Hände fallen und ballen Sie sie zu Fäusten. Strecken Sie die Daumen nach vorne. Drehen Sie die Daumen zur Seite. Und nun lassen Sie die Arme fallen, aber die Spannung im Körper behalten Sie bei. Wunderbar. So aktivieren Sie automatisch auch die Rückenmuskulatur und Ihre Brust hebt sich. Damit wirken Sie selbstbewusst und dennoch locker (Bild Nr. 18). Diese Übung machen Sie kurz vor der Aufnahme oder Sie stellen sich diese Übung einfach vor – der Körper reagiert automatisch auf Ihre Imagination.

Trotz Bewegung ein smoothes Bild

Zuhörer sind dankbar für Bewegung auf der Bühne. In einem Video können Bewegungen aber auch sehr schnell hektisch wirken. Sind Sie der Typ, der sich gerne bewegt, und die Kameraaufnahme ermöglicht einen gewissen Bewegungsradius – auch wenn dieser meist relativ klein ist –, dann achten Sie auf gezielte Bewegungen. Nichts wirkt unsicherer und unprofessioneller als eine unruhige und unkoordinierte Körpersprache. Wenn Sie sich bewegen, dann bleibt Ihr Blick auf die Kameralinse oder den Interviewer gerichtet. Nach einer Bewegung sollten Sie immer mal wieder stehen bleiben und beide Beine wieder fest und parallel auf den Boden stellen – so wirken Sie nicht fahrig.

Sie bewegen sich zum Beispiel nach links und nehmen dann wieder einen festen Standplatz ein. Dann gehen Sie zurück ins Zentrum und bleiben wieder fest an einer Stelle stehen. Die Mischung aus statischen und bewegten Sequenzen sollte auf alle Fälle ausgewogen sein. Wenn Sie sich bewegen, bewegen sich auch Ihre Gedanken und die Gedanken Ihrer Zuhörer. Ein Bewegungswechsel schafft Aufmerksamkeit. Zu viel Bewegung würde jedoch den umgekehrten Effekt nach sich ziehen und zu sehr von dem ablenken, was Sie sagen.

Spielen Sie Panther

Damit die Schritte auf Ihren Aufnahmen geschmeidig und natürlich wirken, nehmen Sie sich die Bewegungen eines Panthers zum Vorbild. Panther führen ihre Bewegungen mit dem geringstmöglichen Kraftaufwand aus. Die ersten Schritte wirken bei ungeübten Darstellern meist etwas hart. Das können Sie verhindern, indem Sie sich vorstellen, Sie schleichen wie ein Panther: leise, geschmeidig und leichtfüßig.

Vor Videoaufnahmen oder einem Remote-Vortrag mache ich mich als Erstes mit der Bühne bzw. dem Setting vertraut. Ich bin rechtzeitig vor Ort, um genügend Zeit zu haben, meine Bühne auszuloten und mir diese zum Freund zu machen. Ich mache mich mit dem vorhandenen Spielraum vertraut. Ich gehe mein Spielfeld ab und teste den Radius. Mein Körper merkt sich die Bewegung und so kann ich sie während der Aufnahme leichter ausführen. Das empfehle ich auch Ihnen!

Der Gimbal – Die Lösung für ruhig wirkende Bewegungen

Verwackelte Bilder lassen ein Video unprofessionell wirken. Solche Aufnahmen animieren nicht gerade zum aufmerksamen Hinhören und Hinsehen und die Zuschauer schalten dann oft schnell weg. Auch Sie kennen vermutlich solche mit dem Smartphone selbst produzierten Videos im Gehen, die vor allem holprig wirken. Die Lösung für dieses Problem heißt Gimbal. Diese spezielle Aufhängung für Kameras funktioniert wie ein Bildstabilisator, weil Bewegungen ausgeglichen werden. Das Ergebnis: schöne und smoothe bewegte Aufnahmen. Mit einem Gimbal können Sie also herumlaufen und sich sogar in alle Richtungen drehen – das Video wird dennoch ruhig und gleichmäßig.

Das war ein kurzer prägnanter Überblick über Körperhaltungen. Sie kennen die Theorie, nun geht es in die Praxis. Wie Sie mit Sicherheit bereits gemerkt haben, ist es gar nicht so einfach, korrekt zu sitzen, zu stehen oder zu gehen. Trainieren Sie Ihren Körper und üben Sie so häufig wie möglich, damit Sie das geübte Verhalten verinnerlichen und es zur Normalität wird.

Noch einmal: Wollen Sie in der virtuellen Welt einen überzeugenden Eindruck machen, dann richten Sie sich auf – von der Fußspitze bis zum Scheitel. Das ist ein kleines, aber entscheidendes Element, um eine Konversation zu beflügeln und Präsenz zu erzeugen. Sie demonstrieren so von vornherein Überzeugungskraft, Selbstsicherheit und Vertrauenswürdigkeit. Entscheidende Eckpunkte für ein gutes Gespräch.

Checkliste für eine gute Haltung

◆ Wider den Tech-Neck-Buckel: Bringen Sie für eine gerade Kopfhaltung die Kameralinse in Augenhöhe.
◆ Stehen: Stellen Sie sich mit beiden Beinen fest auf die vorgesehenen Markierungen (T-Symbol oder Markierungspunkte). Bewegung ist willkommen, aber kontrolliert und im vorgesehenen Frame.
◆ Gehen: Schleichen Sie wie ein Panther.
◆ Sitzen: Nehmen Sie eine große Fläche des Stuhls ein. Beide Beine fest auf den Boden. Hände auf die Armlehnen oder auf dem Schreibtisch ablegen.
◆ Achtung bei einem ergonomischen Hocker oder Sitzkissen: Bleiben Sie ruhig!

Achten Sie darauf, dass man nicht nur Ihr Gesicht auf dem Bildschirm sieht ...

... sondern auch einen Teil Ihres Oberkörpers.

Gesichtsausdruck – Weg mit dem Pokerface

»Ich zähle Pickel!«, erklärte mir neulich eine Mittzwanzigerin in einer Zoom-Session. »Wie meinen Sie das?« »Na, ganz einfach: Wenn mir bei einer Videokonferenz langweilig ist, dann zähle ich in den Gesichtern der Teilnehmer die Pickel.« Diese durchaus kreative Möglichkeit ist im wahrsten Sinne des Wortes naheliegend. Warum? Weil man – sofern nur wenige Personen an der Konferenz teilnehmen – von seinen Gesprächspartnern häufig nur einen überdimensional großen Kopf auf dem Bildschirm sieht. Bei dieser Vergrößerung erkennt man nicht nur jede Besonderheit wie Sommersprossen, Fältchen oder ein verwischtes Augen-Make-up; darüber hinaus wirkt jeder emotionale Ausdruck, ja jedes winzige Zucken, überaus wuchtig. Kommt dazu noch eine Zeitverzögerung, sorgt das häufig für Irritation (Bild Nr. 19).

Bei Videoaufnahmen unter-
scheidet man zwischen der totalen
(Ganzkörper-)Aufnahme ...

... und der Halbnahen (Oberkörper).

Der passende Bildausschnitt

... für Laptop und Webcam

Achten Sie also darauf, dass man Ihnen nicht zu nah kommt. Schieben Sie den Laptop so weit weg, dass auch ein größerer Teil des Oberkörpers zu sehen ist. So nimmt Ihr Gesprächspartner nicht jede unkontrollierte Regung in Ihrem Gesicht wahr. Ich empfehle sogar, den Laptop so weit wegzuschieben, dass man Ihre Arme sieht. So können Sie auch virtuell gezielt mit Gesten arbeiten und damit Botschaften verstärken oder Emotionen besser zum Ausdruck bringen (Bild Nr. 20). Mehr Infos zu passenden Gesten finden Sie im nächsten Unterkapitel »Armbewegungen«. Bei einem virtuellen Event mit mehreren Diskutierenden sollten Sie ungefähr den gleichen Bildausschnitt wie alle anderen verwenden. Sonst fallen Sie aus der Reihe. Bei TV-Aufnahmen sieht man meist einen Teil des Oberkörpers. Testen Sie den Bildausschnitt mit Ihrer Laptopkamera oder der Webcam, damit Sie den passenden Abstand finden.

... in Videos

Machen Sie eine Videoaufnahme, dann genügt in der Regel ein und dieselbe Einstellungsgröße; man sieht Sie beispielsweise die ganze Zeit bis zu den Hüften. Bei professionellen Aufnahmen gibt es meist eine Abfolge verschiedener Einstellungsgrößen, die vom Publikum als eine Einheit bzw. wie eine Abfolge mehrerer Szenen erfasst werden. Dieser Schnittwechsel macht die Aufnahmen spannender.

Zwischen welchen Einstellungen können Sie wählen? Generell unterscheidet man zwischen der totalen, der halbnahen und der nahen Einstellung und dann gibt es noch die Großaufnahme. Der deutsch-koreanische Schauspieler Nick Dong-Sik hat dazu eine gute Übersicht in seinem Buch »Camera Acting« aufgelistet (2019).

Die Totale

In der totalen Einstellung ist man von Kopf bis Fuß zu sehen. Sie wird häufig als sogenannter »Establishment Shot« eingesetzt, um den Zuschauer in eine Szene einzuführen (Bild Nr. 21). Für Sie könnte diese Einstellung relevant sein, wenn Sie einen Imagefilm über sich oder Ihr Unternehmen drehen. Man sieht am Anfang zum Beispiel, wie Sie sich im Unternehmen bewegen, und wenn Sie sprechen, geht der Schnitt auf die Halbnahe.

Die Halbnahe

In der halbnahen Einstellung sieht man den Darsteller vom Kopf bis zur Hüfte (Bild Nr. 22). Im Fokus stehen hier die Arme und der Oberkörper. In diesem Format ist es möglich, gezielt Gesten zu setzen. So können Botschaften verstärkt und mimische Signale unterstrichen werden.

Alternative Einstellung

Ich bevorzuge in meinem Studio für Livevorträge eine Sonderform: die amerikanische Einstellung: Die Zuschauer sehen mich vom Kopf bis zur Mitte meiner Oberschenkel. Ich wähle bewusst diesen Ausschnitt, da es für meinen Vortrag über Körpersprache und Wirkung natürlich wichtig ist, dass ein großer Teil meines Körpers zu sehen ist. Die Wahl der Einstellung sollte also immer zu den Inhalten passen und diese optimal in Szene setzen.

Nahe Einstellung und Großaufnahme: Je größer die Einstellung wirkt, desto mehr muss man seine Kopfhaltung unter Kontrolle halten.

Die Nahe

Bei der nahen Einstellung, auch Close-up genannt, sieht man Ihr Gesicht und den Ansatz der Schulterpartie (Bild Nr. 23). Der Fokus liegt hier auf dem Gesichtsausdruck und Ihrer Mimik. Der Spielraum für Bewegungen ist dadurch begrenzt, aber mimische Signale wirken umso intensiver. Bei dieser Einstellung ist es wichtig, dass Sie bewusst immer auf beiden Beinen stehen. Wippen Sie von einem Bein auf das andere, dann verändern Sie die Kadrage, die Festlegung des Bildausschnittes. Auch sollten Sie den Kopf nicht allzu sehr hin- und herwiegen oder zu stark drehen. Diese Einstellung bietet sich zum Beispiel dann an, wenn Sie einen kurzen O-Ton von sich geben.

Die Großaufnahme

Bei der Großaufnahme ist nur noch der Kopf sichtbar. Manchmal wird auch ein Teil der Haare bzw. der Stirn abgeschnitten (Bild Nr. 24). Diese Einstellungsgröße bietet sich an, um Gefühle oder Gedanken bestmög-

Bloß kein RBF-Gesicht! Das wirkt lustlos und überheblich.

Mit einem lebendigen Gesichtsausdruck punkten Sie.

lich abzubilden und ist im wahrsten Sinne des Wortes Millimeterarbeit. Der Grund: Der Kopf darf bei dieser Einstellungsvariante nicht bewegt werden, man sollte aber trotzdem locker wirken. Echte Präzisionsarbeit eben. Ungeübte Darsteller vergessen in der nahen Einstellung und in der Großaufnahme außerdem oft zu atmen. Kein Wunder, denn die Kamera befindet sich gefühlt vor der Nasenspitze. Das hat allerdings oft eine paralysierende Wirkung. Versuchen Sie trotz der besonderen Situation ruhig und normal zu atmen, um dennoch natürlich und entspannt zu wirken.

Nur kein Pokerface

Die größte Herausforderung in einer Videokonferenz: bloß kein »RBF-Gesicht« aufsetzen! RBF kommt aus dem Englischen und steht für, verzeihen Sie den Ausdruck, Resting Bitch Face. Zweifelsohne eine sexistische Bezeichnung für eine Person, die böse und abweisend wirkt, weil ihr Gesicht scheinbar emotionslos ist (Bild Nr. 25). Aber wann entsteht RBF? Ganz einfach: Wenn Sie mit ihren Gedanken ganz woanders sind, nicht bei der Sache, uninteressiert oder wenn Sie sich unbeobachtet fühlen. Das Fatale am RBF: Es wirkt wie ein Pokerface – stumpf, missachtend, gelangweilt und oft auch arrogant.

RBF ist also ganz klar negativ und daher einer der häufigsten Punkte, den ich coache. Schließlich sind Menschen es einfach nicht gewohnt, permanent ihre Gesichtsmuskulatur unter Kontrolle zu halten. Wenn Sie sich dessen aber bewusst sind, können Sie es trainieren. Denn jede Videokonferenz bedeutet »Show on«. Vor jedem Video heißt es darum: Aktivieren Sie Ihre Gesichtsmuskulatur. So wirken Sie wacher, frischer und einladender (Bild Nr. 26). Und eine fälschlich hineininterpretierte Geringschätzung oder Verachtung wird es dann ebenfalls nicht geben.

Weg mit dem Pokerface

Entspannen Sie Ihre Gesichtsmuskulatur vollkommen, als wäre sie völlig leblos. Nun machen Sie ein Foto. Dann aktivieren Sie Ihre Gesichtsmuskulatur – bringen Sie eine positive Spannung in Ihr Gesicht, heben Sie leicht die Augenbrauen an, damit Ihre Augen strahlen, und kombinieren Sie das Ganze mit einem dezenten Lächeln. Machen Sie nun noch ein Foto. Jetzt vergleichen Sie die beiden Fotos. Na, welches wirkt aktiver und attraktiver? Natürlich das zweite. Üben Sie genau diesen Ausdruck regelmäßig vor dem Spiegel.

Der Blick – Nutzen Sie die Kamera

Es ist irritierend, wenn Sie zu Menschen sprechen, die Sie nicht richtig sehen, und wenn Sie nicht die Atmosphäre einer echten Begegnung spüren. Stattdessen sehen Sie sich in Videokonferenzen auch noch selbst und müssen sich trotzdem darauf fokussieren, Kontakt aufzubauen und Ihren Gesprächspartnern genug Aufmerksamkeit zu schenken. Die wichtigste Regel: Schauen Sie zum richtigen Zeitpunkt in die Kamera, damit sich die Zuhörer angesprochen fühlen.

Welche Hindernisse gibt es dafür, wie funktioniert das virtuelle

Blickverhalten und wann ist der richtige Zeitpunkt gekommen, die Kamera aktiv zu nutzen?

Vorab-Check

Prüfen Sie Ihr Aussehen vor der Videokonferenz. Passen die Frisur, Ihr Outfit, die Körperhaltung, Hintergrund, Licht und Co.? Fühlen Sie sich wohl? Wenn Sie mit dem Gesamtpaket zufrieden sind, haken Sie den Punkt »Eigenkontrolle« ab und überprüfen Sie ab jetzt nur noch hin und wieder Ihre Wirkung. Vermeiden Sie den Eindruck, Sie seien ein eitler Pfau, der total auf sich selbst fixiert ist. Konzentrieren Sie sich auf Ihre Gesprächspartner.

Betrachten wir erst einmal mögliche Hindernisse. Sie kennen die Situation: Sie steigen in eine virtuelle Konferenz ein und es kommt zu einer nonverbalen Überforderung. Entweder weil körpersprachliche Reaktionen zeitlich immer etwas verzögert sind oder weil Sie kaum nonverbale Signale wahrnehmen. Stellen Sie sich vor, Sie hätten drei, fünf, zehn oder 20 virtuelle Räume, die Sie alle permanent beobachten müssen, auch um die Stimmung der jeweiligen Gesprächspartner einzuschätzen. Das ist unmöglich. Die Zwischentöne – die Sie in einem Face-to-Face-Gespräch mühelos wahrnehmen – gehen verloren. Es entsteht eine kognitive Dissonanz und damit ein negativer Gefühlszustand. Eine Diskrepanz zwischen Wahrnehmen und Fühlen. Wir sind irritiert und der Blickkontakt fällt uns schwer, weil wir diese vielen kleinen virtuellen Boxen im Blick halten müssen.

In einem Präsenzmeeting können wir unseren Blick schweifen lassen, um schnell die Atmosphäre zu erfassen. Hier geht das nicht. Blickkontakt in der virtuellen Welt aufzubauen und zu halten, ist äußerst schwierig. Etwas einfacher gestaltet sich das in einem Hybridmeeting. Mit den Onsiteteilnehmern kann ich wie üblich kommunizieren. Mit den Onlineteilnehmern jedoch nicht. Das kennen Sie vermutlich aus Fernsehtalkshows, wenn ein externer Gast zugeschaltet wird. Solange der Moderator diese Person nicht aktiv um ein Statement bittet, kommt diese nicht zu Wort und wirkt etwas verloren.

Um einem virtuellen Gesprächspartner das Gefühl zu geben »Ich bin aufmerksam«, muss ich in die Laptopkamera bzw. Webcam schauen, verliere dann jedoch zwangsläufig die Reaktionen der anderen Leute aus dem Blick. Was also tun in dieser Situation? Wie funktioniert ein effektiver Kamerablick? Grundsätzlich wäre es ohnehin unnatürlich, die ganze Zeit in die Kamera zu blicken, während Sie sprechen. In den Phasen des »Nichtblickens« können Sie dann die einzelnen Gesprächspartner in den virtuellen Boxen beobachten, Ihren Blick schweifen lassen oder in Ihre Unterlagen schauen.

Augen auf!

Klemmen Sie Ihre Notizen während der Videokonferenz auf ein Brett und positionieren Sie es seitlich und erhöht neben Ihrem Laptop. Das bietet sich besonders dann an, wenn Sie häufig darauf blicken müssen oder etwas ablesen wollen. Dank der erhöhten Position der Unterlagen sieht man trotzdem noch Ihre Augen. Würden Sie stattdessen häufig nach unten auf die Schreibtischfläche schauen, würde man Ihre Augen als geschlossen wahrnehmen und Sie selbst als inaktiv.

Stehe ich auf einer Bühne, dann kann ich herumwandern, unterschiedliche Leute direkt einen Gedanken lang ansehen und so eine Interaktion mit den Zuhörern herstellen. Und wenn ich einen wichtigen Kernsatz formuliere, bleibe ich stehen und blicke direkt ins Publikum. Nun kommt die goldene Regel der Kameranutzung in Videokonferenzen: Wann immer Sie eine entscheidende Aussage treffen, fokussieren Sie sich auf die Kamera und blicken Sie direkt in den schwarzen Punkt. Dann werden sich die Teilnehmer auch direkt angesprochen fühlen!

Senden Sie einen Appell, eine Botschaft, dann gibt es nur einen Blick – den Blick zur Kamera.

Und damit Sie diesen kleinen schwarzen Punkt im entscheidenden Moment auch sofort treffen: Kleben Sie einen Notizzettel über die Kameralinse (Bild Nr. 27).

27

Ein Post-it über der Kameralinse erinnert Sie an den direkten Blickkontakt.

Das Brillenproblem

Eine Besonderheit in puncto Kamerablick betrifft Brillenträger, denn häu-
fig spiegeln sich Lampen oder andere Lichtquellen in den Brillengläsern.
Die Lösung dieses Problems besteht in der richtigen Positionierung der
Ausleuchtung. Prüfen Sie im Vorfeld am Bildschirm, welche Lichtquellen
Sie ändern müssen, um das Spiegeln zu verhindern, oder ändern Sie die
Position. Achten Sie außerdem darauf, den Kopf bei Aufnahmen nicht zu
viel zu drehen oder zu neigen, denn auch dadurch kann es zu Spiegelungen
kommen.

Wohin schauen bei Kameraaufnahmen?

Die Kamera ist wie ein Magnet. Sie zieht den Blick an. Bei Videoaufnahmen gilt jedoch manchmal das genaue Gegenteil: Der Blick in die
Linse ist dann tabu. Andererseits gibt es Aufnahmevarianten, die einen
permanenten Blick erfordern. Stellt sich also die Frage: Wann setze ich
welches Blickverhalten ein?

1. Der direkte Blick in die Kamera

Durch den direkten Blick in die Kamera fühlt sich der Zuschauer angesprochen und es kommt eher ein persönlicher Kontakt zwischen ihm und der Person vor der Kamera zustande. Diese Variante erfordert allerdings viel Konzentration. Man fühlt sich beobachtet und dadurch mitunter auch etwas unbehaglich. Zudem kann ein einziger prüfender Blick weg von der Kamera als Unsicherheit gewertet werden und nimmt dem Video seine Wirkung.

Sie schauen zum Beispiel direkt in die Kamera, wenn Sie als Moderator fungieren. Stellen Sie sich vor, Sie begrüßen die Teilnehmer mit »Hallo und herzlich willkommen« und blicken dabei nicht direkt in die Linse. Das wäre seltsam. Weitere Beispiele sind Blogger auf Youtube, Nachrichtenmoderatoren, Testimonials für Produkte oder Dienstleistungen oder Livevorträge.

Auch bei einem Interview kann der Blick direkt in die Kamera erfolgen, wenn die Fragen bereits vorbereitet sind und der Interviewer nicht nachhakt. Er wirft Ihnen dann quasi den Ball für Ihre Botschaft bzw. Ihr Statement zu. Zum Beispiel sagen Sie Ihrem Kunden: »Erzählen Sie den Menschen, warum Sie so begeistert von diesem Produkt sind.« Und der Kunde erzählt es der Kameralinse.

Nirwana-Sprechen

Es war mitten im ersten Lockdown, als man sich an Homeoffice und Kontaktbeschränkungen erst noch gewöhnen musste. Viele Unternehmen hatten den Wunsch, den plötzlich von zu Hause aus arbeitenden Mitarbeitern etwas Motivation mitzugeben. Aus diesem Grund engagierte mich ein internationaler Möbelhersteller für einen Remote-Vortrag, bei dem sich bis zu 1500 Mitarbeiter zuschalten sollten. Diesen Tag werde ich nie vergessen. Ich saß alleine in meinem Videostudio und hatte die Aufgabe, 45 Minuten zu sprechen. 45 Minuten können sehr lang sein. Vor allem, wenn man sich fühlt, als würde man ein Selbstgespräch führen. Keine Lacher, kein Klatschen, kein Räuspern, kein Atem. Nur Stille. Doch das war gar nicht das Irritierendste. Am schwierigsten war der permanente Blick in das kleine, schwarze Loch, in die Kameralinse. Aber das erste Mal ist bekanntlich immer am schwersten. Mittlerweile kleben rund um meine Kameralinse lauter Smileys, was das Ganze deutlich einfacher macht und automatisch die Stimmung hebt ☺.

2. Der Blick neben die Kamera

Sie schauen an der Kamera vorbei, wenn Sie einen Interviewpartner haben, der neben der Kamera steht. Sie schauen ihn an und niemals in die Kamera. Eine Ausnahme: Sie starten nach dem Interview einen direkten Aufruf an die Zuschauer. Dann gibt es den Schwenk vom Interviewer-Blick zum Kamera-Blick. Sie kennen das vermutlich von Wahlduellen: Wollen die Kandidaten eine Botschaft senden und eine Verbindung zu den Wählern aufbauen, dann blicken sie direkt in die Kamera. »Das Wohlergehen der gesamten Nation liegt mir am Herzen. Egal auf welcher Seite Sie stehen. Wir alle sind das Volk. Geeint sind wir stark.« Und so weiter und so fort.

Genauso ist es beim Filmen – auch hier schauen Sie nie direkt in die Kamera. Die Kamera ist vielmehr eine Art stiller Beobachter.

> **Faustregel: Sprechen Sie direkt zu Ihren Zuschauern –
> Blick in die Kamera.
> Sprechen Sie zu einem Interviewer – Blick zum Interviewer!**

Blickachsen

Vor jeder Aufnahme sollten Sie genau besprechen, ob es sich um eine »Zuschaueransprache« handelt oder um ein Interview. So definieren Sie Ihre Blickrichtung. Das, was Sie sich vorstellen, führt der Körper leichter aus! Sind Sie der Interviewer, dann können Sie auch gezielt instruieren: »Blicken Sie immer zu mir.«

Checkliste für den richtigen Gesichtsausdruck / Blick

- ◆ Videogespräch /-konferenz: Prüfen Sie den Bildausschnitt – ein größerer Teil des Oberkörpers sollte sichtbar sein.
- ◆ Bildausschnitte bei Videoaufnahmen:
  - – Totale Einstellung: Ihr ganzer Körper ist sichtbar – Establishment Shots.
  - – Halbnahe Einstellung: Sie sind vom Kopf bis zur Hüfte sichtbar.
  - – Nahe Einstellung: Sie sind vom Gesicht bis zur Schulterpartie sichtbar.

- Großaufnahme: Nur Ihr Kopf ist sichtbar.
- Amerikanische Einstellung: Sie sind bis zur Mitte der Oberschenkel zu sehen.
◆ Kein Pokerface – zeigen Sie Emotionen.
◆ Blickverhalten:
  - Videokonferenz: Wenn Sie zuhören, blicken Sie immer wieder in die Kamera. Sprechen Sie, dann schauen Sie bei entscheidenden Botschaften, Kernsätzen, Appellen in die Kamera.
  - Videoaufnahmen: Geben Sie ein Statement ab, halten einen Vortrag oder sprechen zu den virtuellen Mitarbeitern, Kunden und Co., dann gibt es nur einen Blick, den in die Kamera. Gibt es einen Interviewer, dann schauen Sie diesen an, an der Kamera vorbei.

Armbewegungen – Weniger ist manchmal mehr

Plötzlich war sie im Rampenlicht und die Medien lauerten: Angela Merkel. Die Politikerin wusste am Anfang ihrer Karriere wohl auch nicht, wohin mit ihren Händen. Doch nach kurzer Zeit hatte sie eine Lösung für ihr Problem gefunden und diese etablierte sich schnell als ihr Markenzeichen: die »Merkel-Raute«. Doch was hat sie zu bedeuten? Sie hat gar nichts zu bedeuten, ist meine Standardantwort, wann immer mich jemand fragt, warum die Kanzlerin ihre Hände gerne in Rautenform vor dem Körper faltet. Natürlich ist diese Antwort nicht ganz korrekt. Körpersprache hat stets eine Bedeutung, keine Geste ist bedeutungslos. Doch man sollte auch nicht zu viel hineininterpretieren. Was gab es nicht schon für Vermutungen: Raute der Macht etwa. Oder hat sie vielleicht etwas mit dem Kamasutra zu tun? Und so weiter … Angela Merkel selbst wurde einmal in einem Interview gefragt, was die Raute bedeutet, und sie sagte sinngemäß: »Nichts. Diese Haltung ist die Position, in der ich automatisch den Oberkörper aufrecht halte. Normalerweise bin ich ja mehr so … (Sie demonstrierte einen Rundrücken.) Nichts anderes heißt das.«

Die Verhaltensforscherin und Gründerin von Science of People,

Vanessa van Edwards, hat herausgefunden, dass Menschen Gesten 12,5-mal mehr Gewicht beimessen als dem Inhalt. Ja, Menschen schauen zuerst auf die Hände und danach erst auf das Gesicht, die Augen oder die Schuhe. Van Edwards untersuchte die populärsten TED-Talks (18-minütige Videos) und erkannte, dass die erfolgreichsten Redner die meisten Gesten verwendeten. Durchschnittlich 465 Gesten in nur 18 Minuten (2017). Das bedeutet: Gesten haben auch in der virtuellen Welt eine hohe Relevanz.

Die passende Geste im richtigen Moment kann wertvoller sein als ein Schwall an Worten!

Doch Geste ist nicht gleich Geste! Was nützt die beste Geste, wenn diese nicht den Inhalt oder eine Emotion verstärkt? Nichts. Welche Gesten wirken verstärkend bzw. positiv und welche negativ? Auf welche Stolperfallen sollten Sie generell und vor allem in der virtuellen Welt achten? Und in welchem Setting sollten Sie welche Gesten einsetzen?

Welche Arten von Gesten gibt es?

Wem hören Sie lieber zu? Einer Person, die wie eine Salzsäule vor Ihnen steht oder sitzt, oder einer Person, die Gesten einsetzt? Wohl eine überflüssige Frage. Menschen mögen Menschen mit einer hohen Expressivität – also Menschen mit einer lebendigen Körpersprache. Diese Lebendigkeit erzeugen wir nun mal zum großen Teil mit unseren Armbewegungen. Setzen wir die Arme ein, löst das eine Kettenreaktion aus. Unsere Stimme wird lebendiger, der Gesichtsausdruck verändert sich, wir zeigen mehr Emotionen und erzeugen mit alldem mehr Aufmerksamkeit. Fazit: Wir wirken engagierter und enthusiastischer.

Es gibt verstärkende (= das Gesagte auch optisch unterstreichende) und nicht verstärkende Gesten. Zwischen diesen beiden Arten sollten Sie unterscheiden. Wirklich effektiv ist nur die erste. Dennoch werden auch häufig nicht verstärkende Gesten verwendet. Viele Sprecher nutzen zudem immer wieder die gleiche Geste und verschlechtern damit ihre Performance. Warum? Weil das Gesagte nicht verstärkt wird. Nicht

28 **29**

Mit pointierten Gesten wirken Sie lebendiger und überzeugender.
Doch: Weniger ist mehr!

verstärkende Gesten wirken inkongruent, nicht stimmig, langweilig –
und darunter leidet die gesamte Glaubwürdigkeit.

**Gibt es eine Diskrepanz zwischen Worten und Gesten,
so glaubt man immer dem Körper!**

Verstärkende Gesten verdeutlichen das Gesagte. Ich sage zum Beispiel
»Drei wichtige Punkte sind …« und demonstriere mit der Hand die drei
Punkte (Bild Nr. 28). Oder »Ich fühlte mich wie ein Sieger« und reiße
die Hände in die Höhe. Oder »Das ging mir richtig nahe« und greife
mir ans Herz (Bild Nr. 29). Solche expressiven Gesten unterstreichen
die Worte, das Gefühl, die Stärke der Botschaft. Doch sobald wir einer
ungewohnten, unsicheren Situation ausgesetzt sind, reagieren wir häufig paralysiert, wir erstarren oder agieren mit repetitiven oder fahrigen
Bewegungen. Die Kunst ist es, diesen Kreislauf zu durchbrechen.

Verstärkende Gesten emotionalisieren, verdeutlichen, dynamisieren und erzeugen Aufmerksamkeit.

Vorteile verstärkender Gesten

Dynamische Stimme: Verwenden Sie solche Gesten, dann hat das auch einen Effekt auf Ihre Stimme. Sie klingen dynamischer, lebendiger. Generell kann man sagen: Hohe Hände, hohe Stimme. Tiefe Hände, tiefe Stimme.

Weniger Nervosität: Wer aktiv mit Gesten arbeitet, ist weniger nervös. Sinngemäß baut man durch die Bewegung der Arme überschüssige Energie ab. Stellen Sie sich vor, Sie sind angespannt. Wenn Sie nun zehn Liegestütze machen würden, wären Sie danach ohne Zweifel gelassener.

Willkommensgeste: Sollten Sie es nicht gewohnt sein, expressive Gesten zu verwenden, dann hilft als Einstieg die Willkommensgeste Wunder. Es handelt sich dabei um eine offene, einladende Handhaltung, mit der Sie andeuten, dass Sie jemanden umarmen wollen (Bild Nr. 30). Sie können diese Geste mit beiden Händen oder nur mit einer Hand ausführen. Senden Sie zum Beispiel einen Appell oder wollen, dass Menschen etwas tun, und verwenden dabei keine Willkommensgeste, sondern verharren in der Paralyse, dann verliert das Gesagte an Gewicht (Bild Nr. 31). Noch ein Vorteil: Nach Einsatz der Willkommensgeste wird es Ihnen viel leichter fallen, im weiteren Verlauf bewusst verstärkende Gesten einzusetzen.

Gegen die Schwerkraft: Gesten von unten nach oben wirken positiv! Es sind Aufwärtsbewegungen. Abwärtsbewegungen, also Gesten, die von oben nach unten ausgeführt werden, wirken oft negativ nach. Kein Wunder, denn wir führen diese Bewegung ja dann aus, wenn wir etwas ablehnen, abwerten, verweigern. »Ach, das ist ja nicht relevant«, »Das Argument ist nicht stichhaltig«. In diesen Fällen »werfen« oder »schieben« wir etwas weg.

30

Nutzen Sie ab und an die Willkommensgeste für einen positiven
Eindruck.

31

Hände weg vom Oberkörper!

Aktivierung der Schultergelenke: Überzeugende Gesten entstehen aus den Schultergelenken. Damit erzeugen Sie Präsenz. Viele gestikulieren aus den Ellbogen oder den Handgelenken und das wirkt eher schwach oder unsicher. Doch warum tun wir es dann? Nun, in unsicheren Situationen versuchen wir den Oberkörper zu schützen und pressen die Oberarme an den Oberkörper. Somit können wir Handbewegungen nur noch aus den Ellbogen oder Handgelenken heraus ausführen. Das Motto lautet jedoch: Arme weg vom Oberkörper, damit Sie Ihre Gesten aus den Schultergelenken heraus einsetzen können!

Heiße Herdplatten

Wollen Sie raumergreifend wirken, also Präsenz erzeugen, dann sollten Ihre Gesten aus den Schultergelenken heraus erfolgen. Stellen Sie sich einfach vor, an den Seiten Ihres Oberkörpers befänden sich zwei heiße Herdplatten. Wie leicht wird es Ihnen fallen, Ihre Arme vom Oberkörper wegzubewegen!

Klassische Musik bevorzugt: Ihre Hände sollten klassische Musik dirigieren und nicht Techno. Was damit gemeint ist? Bei klassischer Musik sind die Bewegungen sanft, fließend und harmonisch. Bei Techno hart, kurz und stakkatoartig. Beobachten Sie doch einmal die Gestik von Menschen in Machtpositionen. Sie haben wenige, wohl gesetzte Gesten und »spielen Klassik«. Menschen unter Spannung bevorzugen dagegen in puncto Gesten eher den Technostil. Werden Sie zum Klassikfan.

Gestik vor dem Wort: Das ist die Königsdisziplin. Zuerst zeigen Sie die passende Geste zu Ihrer Aussage, dann erst folgt die verbale Botschaft. Klingt kompliziert, ist aber eigentlich die normale Reihenfolge. Es spricht immer zuerst der Körper und dann kommen die Worte. Selbst Donald Trump beherrschte dieses Spiel in Perfektion. Obwohl er nur vier Gesten in petto hatte.

No-Gos

Eine einzelne, isolierte Geste hat im Grunde keine große Aussagekraft. Trotzdem wird in Einzelgesten oft sehr viel hineininterpretiert. Sie sollten also wissen, welche Gesten häufig fehlinterpretiert werden.

- Verschränkte Arme: Ja, es ist meist nur eine bequeme Haltung. Doch was interpretieren die meisten hinein? Angst, Sorge, Ablehnung, Desinteresse.
- Merkel-Raute: Das darf nur eine Frau machen! Ansonsten wirkt diese Haltung negativ. Sie fällt in die Kategorie »spitze Geste« – kommt also eher ablehnend oder aggressiv rüber.
- Sebastian-Kurz-Haltung: Die zusammengefalteten Hände im Bereich des Brustkorbs signalisieren für manche eine Bittstellerhaltung.
- Hände unter der Gürtellinie: Sind die Hände unter der Gürtellinie ineinandergelegt, dann fallen die Schultern nach vorne und man wirkt automatisch energielos.
- Freistoßhaltung: Das Falten der Hände vor der empfindlichen Körperpartie sollte den Fußballspielern beim Freistoß vorbehalten bleiben.
- Pistole: Mit dem nackten Finger auf einen Menschen zu zeigen,

ist in vielen Kulturen ein Tabu; es wirkt bedrohlich oder wie ein Angriff. Verlängern Sie die »Schusswaffe« auch nicht mit einem Kugelschreiber. Nur wenn Sie tatsächlich drohen oder befehlen wollen, macht diese Geste Sinn.

◆ Hände in der Hosentasche: Diese Geste wirkt, als würden Sie etwas verstecken wollen bzw. allzu leger oder desinteressiert.

Armbewegungen in der virtuellen Welt

Ganz schön viele Informationen über die Macht der Gesten! Doch wenn Sie sich für den Anfang nur einige dieser Punkte einprägen und regelmäßig üben, sind Sie schon einen entscheidenden Schritt weiter und die Umsetzung des Gelernten in Videokonferenzen und bei Videoaufnahmen wird Ihnen immer leichter fallen. Alles, was ich bis hierhin über die »Chancen und Risiken« von Armbewegungen gesagt habe, gilt auch für den Einsatz in digitalen Formaten. Doch es gibt auch einige Stolpersteine.

Ihr Präsentationsfenster – Bildausschnitt erfassen

Im digitalen Modus muss der Bildausschnitt immer mitgedacht werden. Führen Sie Gesten zum Beispiel zu groß aus, verschwinden Sie möglicherweise aus dem Bild bzw. aus dem Präsentationsfenster. Das wirkt irritierend und schmälert die Wirkung Ihrer Gesten. Prüfen Sie deshalb immer im Vorfeld, wie groß Ihre Gesten sein dürfen. Kreieren Sie rechts und links zwei Linien, die die Grenze darstellen: »Bis hierher und nicht weiter.«

Die erschlagenden Hände

Wollen wir, dass jemand einen Beitrag zu einem Thema leistet, dann zeigen wir häufig mit nach oben gerichteten Handflächen auf diese Person, nach dem Motto: »Was würden Sie dazu sagen?« Die Hand bewegt sich in Richtung des Gesprächspartners. In Videokonferenzen kann das problematisch sein. Strecke ich meine Hand in Richtung Kamera, dann wirkt das auf die Teilnehmer wie eine überproportionale Hand (Bild Nr. 32). Deshalb gilt bei Gesten in dieser Situation die Grundregel: Arbeiten Sie mit den Händen in die Breite und nicht in die Länge (Bild Nr. 33).

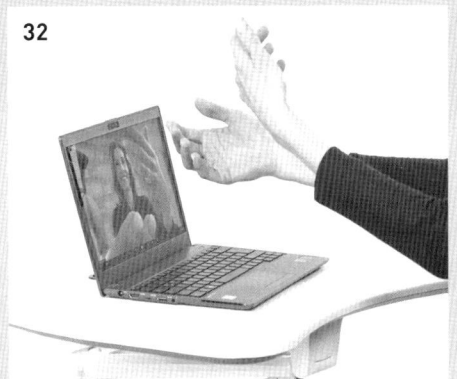

32

Gestikulieren Sie nicht in Richtung
Kamera ...

33

... sondern in die Breite.

Die Wirkung »unsichtbarer« Gesten

In Videokonferenzen liegt der Hauptfokus zuerst auf dem Gesicht und dann kommen die Arme. Ist der Bildausschnitt so gewählt, dass nur ein Teil des Oberkörpers zu sehen ist, vergessen wir meist, das Gesagte mit den Armen zu unterstreichen. Aber: Auch wenn die Zuschauer Ihre Arme nicht sehen, gestikulieren Sie trotzdem, denn Gesten haben eine ganzheitliche Wirkung auf Ihre Körpersprache. Wenn Sie Ihren Schulterbereich durch Gesten automatisch aktivieren, wirken Sie in der Folge leidenschaftlicher und Ihre Stimme klingt dynamischer.

Die Expertin für Geschäftsverhandlungen Lakshmi Balachandra analysierte das verbale und nonverbale Verhalten in 185 Videos von Risikokapitalpräsentationen. Sie stellte fest, dass der stärkste Prädiktor dafür, wer Geld erhielt, nicht die Anmeldeinformationen oder der Pitchinhalt waren, sondern das Selbstvertrauen und die leidenschaftliche Begeisterung, die eine Person auch über ihre Gestik ausstrahlte.

Allerdings sollte die Unterstreichung Ihrer Worte durch Gestik stets dem Medium Video angepasst erfolgen. Weniger ist hier definitiv mehr.

Achten Sie in Videos darauf, dass Sie wenige und pointierte stehende Gesten ausführen. Faustregel: Pro Satz eine Geste!

Das Präsentationsfenster

Das Videosetting für meine Remote-Live-Vorträge besteht aus einem Greenscreen, meiner Kamera, einem Teleprompter für das iPad, einem Stream Deck zur Programmsteuerung, einem Kontrollmonitor, professioneller Tontechnik und meinem Laptop, der mit Software für Aufnahmen und Livestreaming ausgestattet ist und auf dem meine PowerPoint-Präsentation als Skript läuft. Das klingt ohne Zweifel recht kompliziert, und das ist es auch – aber nur solange, bis es eingerichtet ist.

Der Kontrollmonitor oberhalb der Kamera zeigt mir immer, wie ich mich bewege. Das ist mein Sicherungsanker. Was ich lernen musste, ist, spiegelverkehrt zu arbeiten und meine Gesten im richtigen Ausmaß einzusetzen. Meine sonst sehr ausschweifenden Armbewegungen musste ich reduzieren und trotzdem locker wirken; und wenn mein Laptop mit der Präsentation links stand, musste ich nach rechts zeigen, damit ich symbolisch auf ein Chart hinwies. Das erforderte am Anfang jede Menge Übung. Die Hauptaufgabe bestand außerdem darin, ein klar definiertes Präsentationsfenster festzulegen. Wie groß dürfen meine Armbewegungen sein? Wo ist die Grenze links, rechts, oben und unten? All das muss vorab geklärt werden. Das Gefühl für die richtige Größe und Ausdehnung der Gesten muss sich fest verankern und spürbar sein. Ich stelle mir zum Beispiel vor, dass ich etwas/jemanden in der Größe eines Pezziballs umarmen dürfte. Und vor dem Auftritt heißt es immer (Sie ahnen es schon): üben, üben und nochmals üben.

Assoziative Gesten

Ihre gesamte Körpersprache muss sich mit dem Inhalt Ihrer Aussagen decken – also auch Ihre Gesten. Stellen Sie sich vor, in einer Videokonferenz sagt eine Kollegin: »Der Projektstatus wurde natürlich genau protokolliert.« Und gleichzeitig wischt sie sich einen virtuellen Fussel von ihrem Blazer. Eine Geste, die keinen Bezug zum Gesagten hat. Die Folge? Die Zuhörer reagieren misstrauisch. Warum? Weil Gesten eine stärkere Wirkung haben als Worte. Würde die Kollegin stattdessen ihre Handinnenflächen zeigen, erhöhte sich die Glaubwürdigkeit ihrer Aussage, weil Geste und Worte eine Einheit bilden und als stimmig assoziiert werden.

Halten Sie die Moderationskarte nicht mit beiden Händen fest ...

... sondern nur in einer Hand.

Spicken ist erlaubt

Moderationskarten sind super! Stichworte auf einem DIN-A4-Blatt sind auch super! Aber: Ablesen ist uncool! Machen Sie ein Video im Stehen und ein großer Teil Ihres Körpers ist zu sehen, dann sollte der Stichwortzettel nicht größer sein als ein Blatt im DIN-A5-Format. Besser noch wäre eine klassische Moderationskarte aus festem Papier, die einen klaren Vorteil hat. Wenn Sie zittern, dann flattert das Papier nicht.

Die Grundregel beim »Spicken« lautet: 1. blicken, 2. erfassen, 3. sprechen! Das bedeutet: Ich blicke auf die Moderationskarte, erfasse dabei den nächsten Punkt, blicke dann in die Kamera und spreche erst jetzt wieder zum Publikum. Besonders bei sehr persönlichen oder emotionalen Aussagen ist der Blick in die Linse ein Muss!

Lassen Sie die Moderationskarte in Ruhe, malträtieren Sie sie nicht. Weder rollen noch falten oder knicken ist erlaubt, denn es wirkt extrem unruhig. Hinter diesem Verhalten steckt häufig die pure Nervosität, manchmal ist es aber auch eine Macke. Halten Sie sich grundsätzlich

Im Stehen können Sie die Arme fallen lassen ...

... oder im Nabelbereich locker ineinanderlegen.

nicht an Ihrer Moderationskarte fest (Bild Nr. 34). Am besten nehmen Sie sie in die nicht dominante Hand und gestikulieren ansonsten wie gewohnt (Bild Nr. 35). Wechseln Sie die Moderationskarten, dann machen Sie das in aller Ruhe. Kurz innehalten, Karte wechseln, Blick in die Kamera und weitersprechen. Keine Angst vor solchen kurzen Unterbrechungen. Auch das Publikum ist dankbar für kleine Pausen. Und noch eines: Dass ich eine Moderationskarte nur einseitig beschrifte, versteht sich von selbst.

In einer Videokonferenz können Sie natürlich auf Ihrem Schreibtisch auch einen Spickzettel liegen haben. Aber auch hier gilt die Regel: schauen, erfassen, Blick wieder zur Kamera und dann sprechen.

Ihre Standardposition

Im Sitzen, aber vor allem im Stehen sollten Sie Ihre Standardposition innerlich verankern. Was tun Sie, wenn Sie stehen und gerade mal nichts sagen müssen? Zu stehen und zu sprechen ist relativ einfach.

Stehen und nicht sprechen kann zur Tortur werden. Was ist dann häufig das größte Problem? Genau, Ihre Hände. Überlegen Sie sich im Vorfeld, wo Sie Ihre Hände in einer Ruhephase platzieren. Seitlich neben dem Körper (Bild Nr. 36) oder doch lieber vor dem Bauch ineinandergelegt? Die meisten bevorzugen Letzteres. Um nicht verschlossen und angespannt zu wirken, legen Sie die Hände unter dem Nabelbereich locker ineinander (Bild Nr. 37). Das ist eine optimale Position, wenn Sie zuhören und schweigen müssen. Beim Sitzen empfehle ich, sich leicht nach hinten anzulehnen und die Arme links und rechts auf den Armlehnen zu platzieren. Aktiver wirken Sie, wenn Sie sich nach vorne lehnen und die Hände auf dem Schreibtisch ablegen.

»Huhu, ich will was sagen!«

Je mehr Teilnehmer in einer Videokonferenz sitzen, desto schwieriger ist die Kommunikation. Entweder sprechen alle oder keiner oder man kommt nicht zu Wort. Definieren Sie im Vorfeld Regeln, wie Sie kommunizieren wollen. Führt ein Moderator durch das Gespräch? Werden alle Fragen am Ende beantwortet und vorher in den Chat geschrieben oder separat notiert? Wäre ein Co-Moderator sinnvoll, der sich um das Drumherum kümmert? Wie kommt jemand zu Wort? Hand heben, winken?

Das Kommunikationsprozedere sollte zur Anzahl der Teilnehmer, zur Form und zur Dauer passen. Gehen wir von einer kleineren Gruppe aus, könnten Sie zum Beispiel die Hand heben und so lange oben halten, bis Sie aufgefordert werden, etwas zu sagen oder bis eine Reaktion erfolgt, dass Sie wahrgenommen wurden. Alternativ dazu könnte man auch eine gut sichtbare Karte hochheben. Nicht empfehlenswert sind akustische Signale, es sei denn, Sie werden permanent überhört, dann heißt es: Lautsprecher entmuten und aktiv zu Wort kommen.

Sie haben nun einige Tipps erhalten, wie Sie Ihre Gesten verstärkend einsetzen können, wenn Sie ein virtuelles Meeting besuchen. Auch hier gilt: Überfordern Sie sich nicht und achten Sie erst einmal nur auf zwei, drei Möglichkeiten, um Gesten optimal zum Einsatz zu bringen. Fühlen Sie sich dabei sicher, dann erweitern Sie Ihr Repertoire. Schon einfache Gesten sorgen dafür, dass eine Konversation natürlicher wirkt und mehr Aufmerksamkeit erzeugt.

Checkliste zum Einsatz von Gesten
Grundregeln

- Verwenden Sie verstärkende Gesten, untermauern Sie das Gesagte durch Armbewegungen.
- Achten Sie auf positiv und auf negativ wirkende Gesten.
- Beachten Sie die Faustregel: Pro Satz eine Geste.
- Arme weg vom Oberkörper: Gestikulieren Sie aus den Schultergelenken.
- Lassen Sie Gesten stehen – statt hektischer Gesten sollten Sie ruhige Gesten verwenden.

Gesten im Videoformat

- Definieren Sie Ihr Präsentationsfenster und erfassen Sie die Größe der ausführbaren Gesten.
- Gestikulieren Sie in die Breite und nicht in die Länge. Armbewegungen Richtung Kamera wirken »schreiend«.
- Gestikulieren Sie auch dann, wenn nur ein Teil des Oberkörpers sichtbar ist.
- Üben Sie den Umgang mit Spickzetteln und Moderationskarten.
- Wollen Sie gehört werden, dann zeigen Sie es mit einer Armbewegung.

Sprache – Ohne Stimme keine Stimmung!

»Stimmen sind hörbare Stimmungen.«
Andreas Tenzer

Es war im September 2020 in meinem Remote-Studio. Ein Unternehmen hatte mich mit einem digitalen Impulsvortrag beauftragt. Der Technikcheck war geglückt, nun kam das Warten, bis sich alle Teilnehmer zugeschaltet hatten. Es war vereinbart, dass die Teilnehmer gemutet, also stumm geschaltet werden. So hatte ich die Möglichkeit, ohne Störungen vorzutragen. Der Vortrag ging pünktlich los und mit Leidenschaft und gezielter Lebendigkeit versuchte ich meine Energie von Anfang an zu transportieren. Allerdings ohne Erfolg. Der Grund: Der Meeting-Host, also der Gastgeber, hatte auch mich leise gestellt! Die Teilnehmer sahen drei Minuten lang nur Körpersprache pur. Und drei Minuten ohne Ton sind eine lange Zeit! Gott sei Dank hat mein Techniker die Situation gerettet, mir ein Zeichen gegeben, dass mich niemand hört, und den Host des Veranstalters über Smartphone angeleitet, wie nur die Referentin hörbar gemacht werden kann.

Meine Checkliste habe ich nach dieser Erfahrung sofort um den Punkt »Mute-Check« erweitert. Denn auch wenn Körpersprache entscheidend zur Gesamtwirkung beiträgt, ist ohne Stimme jedes virtuelle Format sinnlos. Tipps zur Technik haben Sie schon in Kapitel 1 erhalten. Nun legen wir den Fokus auf die Wirkung der Stimme, denn Stimme erzeugt Stimmung.

Wissenschaftliche Studien haben gezeigt, dass sich auch die kleinsten Gemütsveränderungen in unserer Stimme niederschlagen. Ob wir fröhlich oder traurig, erschöpft oder energiegeladen sind – all das kann man an der Stimme hören: Sind Sie nervös, flattert Ihre Stimme leicht. Sind Sie emotional berührt, kann sie sogar brechen. Vor Euphorie überschlägt sie sich, und wenn Sie müde sind, scheint auch Ihre Stimme schlafen gehen zu wollen.

Bei entscheidenden Gesprächen sollten Sie auf die Wirkung Ihrer Stimme achten. Man kann sie gut trainieren und sollte dabei auf Tonlage, Rhythmus, Artikulation usw. achten.

Dos in puncto Stimme	Wie wirkt das auf das Gegenüber?
Klare Sprechweise	Interessiert am Gespräch, überzeugend
»Normale« Lautstärke	Sicher, empathisch
»Warmer« Klang	Freundlich, vertrauensvoll, empathisch
Angemessene Sprechgeschwindigkeit	Wirkt souverän, überzeugend und angenehm
Gezielte Intonation (dynamisches Sprechen)	Wirkt kompetent und selbstbewusst, macht Lust auf mehr, fördert das Interesse, man hört sehr gerne zu
Sonore Stimmlage	Wirkt kompetent, integer und beruhigend

Don'ts in puncto Stimme	Wie wirkt das auf das Gegenüber?
Nuscheln, undeutliches Sprechen	Lustlos, unsicher
Schrill, piepsig sprechen	Nervt einfach nur!
Sehr leise Stimme	Wirkt unsicher, verheimlichend
Schnelles Sprechen	Unter Zeitdruck, gestresst, nervös oder mangelnde Seriosität
Sehr langsames Sprechen	Perfektionistisch, äußerst penibel, unsicher, müde
Laute, polternde Sprechweise	Arrogant, überheblich, aggressiv
Sprechen ohne Punkt und Komma	Inhalt ist nicht nachvollziehbar, ermüdend
Monotones Sprechen	Wirkt langweilig, einschläfernd

Geht es Ihnen auch manchmal so? Sie sitzen alleine im Homeoffice, haben bis zu diesem Zeitpunkt kaum gesprochen und starten schnell mal eine Videokonferenz. Oft spüren wir dann einen Kloß im Hals und unsere Sprache klingt irgendwie hart. Das ist auch nicht verwunderlich. Unsere Stimme hängt schließlich von vielen Muskeln ab und die wollen erst mal aufgewärmt werden. Jeder Sportler, Sänger oder professionelle Sprecher macht sich zuerst für seinen Einsatz warm, um eine optimale Performance abliefern zu können.

Ihre Stimme ist Ihr Instrument für ein erfolgreiches Meeting. Sie erfahren nun, was eine gute Stimme ausmacht, und bekommen ein kleines Stimmtraining an die Hand. Denn schon drei bis fünf Minuten tägliches Training kann Ihren Stimmklang optimieren.

Entspannung – physisch und psychisch!

Wie ist Ihr Tonus? Gemeint ist der Spannungszustand der Muskulatur. Morgens, kurz nach dem Aufstehen, klingt die Stimme noch dünn und kratzig. Sind Sie unter hoher Anspannung, dann klingt sie höher. Beides ist suboptimal für das Sprechen ins Mikrofon. Die Devise lautet also: lockern! Dafür gibt es eine gute Übung:

Schütteln Sie Arme und Beine leicht aus. Räkeln und strecken Sie sich und gähnen Sie intensiv. Als Alternative empfehle ich die Klopfübung: Klopfen Sie Arme und Beine leicht ab und zusätzlich den oberen

Brustbereich. Mit diesen Übungen klopfen Sie sich wach und auch kleine Verspannungen verschwinden aus Ihrem Körper.

Haltung erzeugt Stimme

Wie gerne lümmeln wir herum, anstatt aufrecht zu sitzen. Das Problem: Der Gesprächspartner kann das auch hören! Ungünstig, wenn Sie beispielsweise gerade mit einem wichtigen Kunden sprechen. Eine aufrechte Körperhaltung unterstützt die Stimme dagegen positiv. Stellen Sie beide Beine fest auf den Boden und öffnen Sie den Brustraum. Pendeln Sie dafür mit dem Becken auf der Sitzfläche nach rechts und nach links. Der Oberkörper bleibt so ruhig wie möglich. Richten Sie den Oberkörper während des Pendelns langsam auf. Diese resonanzöffnende Haltung ist der Motor für eine voluminöse Stimme. Jetzt sitzen Sie mit Sicherheit aufrecht. Diese Haltung erzeugen Sie automatisch mit einem ergonomischen Hocker oder einem Luftkissen. Achtung: Diese ergonomischen Hilfsmittel verleiten zum Wackeln im Hüftbereich. Was normalerweise in puncto Beweglichkeit und Balance positiv ist, kann in einer Videokonferenz als störend empfunden werden. Klemmen Sie sich eine imaginäre Erbse zwischen die Pobacken und aktivieren Sie Ihren Unterbauch. So bleiben Sie ruhig.

Richtig atmen

Wir atmen ein und aus. Unbewusst. Völlig natürlich. Doch in angespannten Situationen werden wir oft kurzatmig, ohne es zu merken. Dann dominiert die sogenannte Brustatmung. Wir können noch sprechen, aber wir sprechen aus dem Kehlkopf heraus. Die Stimme klingt angespannt, dünn und wir müssen zwischenatmen. Das Ganze wird schnell zu einer Art Teufelskreis und wir lassen die Anspannung nicht mehr los. Die Folge: Der Atem stockt immer wieder. Die Lösung: Atmen Sie die Anspannung bewusst weg. Mit jedem Ausatmen können Sie Ihren erhöhten Stresslevel wegatmen. Verwenden Sie dazu Ihre Hände und schieben Sie beim Ausatmen die Hände so lange nach vorne, bis jeglicher Stickstoff entwichen ist.

Atmen Sie in Stresssituationen aktiv aus. Das Einatmen erfolgt immer automatisch!

Durch das lange und intensive Ausatmen wechseln Sie automatisch in die bessere Bauchatmung. Denn dorthin muss Ihr Atem fließen, damit Ihre Stimme genügend Volumen entwickeln kann.

So bekommen Sie eine angenehme und sichere Stimme

- Gähnen Sie ein paarmal nacheinander, um Ihr Kiefergelenk zu lockern.
- Summen Sie ein Lied oder die Tonleiter.
- Lockern Sie Ihr Zwerchfell, indem Sie »Staub wegpusten«.
- Putzen Sie mit Ihrer Zunge den Mundraum – Gaumen, Zähne, Wangen.
- Fahren Sie Trecker: Flattern Sie geräuschvoll mit den Lippen und setzen Sie auch Ihre Hände ein. Sie fahren rauf, runter, links, rechts. Trillern Sie Ihre Lippen und den Kehlkopf frei.
- Trinken Sie warmes Wasser oder Tee!

Finden Sie Ihre Indifferenzlage

In hitzigen Debatten kann es schon mal vorkommen, dass die Stimme nach oben rutscht und Sie in der Folge erregt, aggressiv, unkontrolliert oder gar hysterisch klingen. Dagegen wirken Sie überzeugend, wenn Sie in einer sonoren Stimmlage sprechen und am Satzende bewusst mit der Stimme nach unten gehen. Eine Studie belegt, dass Menschen mit tiefer Stimme dominanter, attraktiver, kompetenter und vertrauenswürdiger wirken. Schon Margaret Thatcher wusste um die Macht einer tiefen Stimme und senkte ihre eigene durch intensives Training um eine halbe Oktave. Sie sollten bewusst darauf achten, dass Sie in Ihrer persönlichen entspannten Indifferenzlage bleiben. Ein einfacher Trick, um diese zu finden: Summen Sie gedanklich einfach ein leckeres »Mmhh« und sprechen Sie in dieser Tonlage weiter. Das ist genau Ihre Indifferenzlage, also Ihre individuelle Tonlage.

Nachteile für Frauen

Frauen sind wegen der Stimmverarbeitung bei Videokonferenzen laut einer Studie benachteiligt. Frauenstimmen werden als weniger ausdrucksstark, kompetent und charismatisch wahrgenommen. Der Grund:

Videosoftware wie Zoom oder Teams überträgt nicht alle Anteile der Sprache. Bestimmte Frequenzen, Ober- und Untertöne werden ausgedünnt. Bei der Untersuchung bewerteten Testhörer trainierte Audiostimmen, insbesondere Stimme und Klang. Das Ergebnis: Frauenstimmen werden in Onlinekonferenzen im Vergleich zu männlichen schlechter beurteilt. Es fehlen wesentliche emotionale Komponenten!* Stimmunterstützend ist ein qualitativ hochwertiges Mikrofon.

Vokale – die Stimmungsmacher

»Ciao Bella!« »Amore!«, »Merci«, »Cherie«. Wie melodisch und elegant klingen doch die italienische und französische Sprache. Fast wie Musik in den Ohren, stimmungsvoll. Deutsch dagegen klingt im Vergleich hart und kühl. Dabei gibt es im Deutschen nicht mehr Konsonanten und nicht weniger Vokale als in den europäischen Nachbarsprachen. Was aber den entscheidenden Unterschied macht, ist die Sprachmelodie.

Sprache entsteht durch Vokale und Konsonanten. Vokale sind geeignet, um Stimmungen und Gefühle wiederzugeben. Es sind selbstklingende Laute wie »A, E, I, O, U, Ä, Ö, Ü«. Konsonanten, also »B, C, D, F, G, H, J, K, L, M, N, P, Q, R, S, T, V, W, X, Y, Z« sind dagegen stimmlos, klingen hart und weniger gefühlvoll

Üben Sie mit ruhiger, normaler Stimme folgende Wörter und führen Sie die Lippenbewegungen bewusst übertrieben aus: Fragen, Zahlen, wagen, Namen, geben, leben, stehen, geben, Miete, Niete, ziehen, fliehen, Schote, Boote, Zoo, Motoren, Stute, Rute, Minute, Ute, nähte, Räte, Gräte, mähte, möchte, Töchter, Nöte, blödeln, hüten, Güte, Züge.

Durch stete Wiederholung und Optimierung der einwandfreien Aussprache jedes Vokals erreicht man eine größere Sprech- und Stimmsicherheit. Dabei zeigt sich auch, dass ein Vokal zahlreiche Facetten hat. Konzentrieren Sie sich zunächst auf die Vokale, dann im zweiten Step auf die Konsonanten.**

---

* Siegert, I., Niebuhr, O.: Speech Signal Compression Deteriorates Acoustic Cues to Perceived Speaker Charisma, Studientexte zur Sprachkommunikation 99, 2021, unter: http://www.essv.de/essv2021/pdfs/06_siegert_v2.pdf (abgerufen: 13.04.2021)

** Ingrid Amon, eine sehr geschätzte Stimmtrainerin aus Österreich, hat ein ausführliches Übungsblatt gestaltet. Schauen Sie auf die Internetseite https://www.veritas.at/vproduct/download/download/sku/OM_19070_85 →

Tempo und Rhythmus

Miley Cyrus, die US-amerikanische Schauspielerin und Sängerin, liebt Talkshows offenbar sehr, denn sie plappert dort immer wie ein Wasserfall. Legt sie los, dann gibt es kein Halten mehr. Da kommt selbst der weltbekannte Moderator der Tonight Show, Jimmy Fallon, nicht mehr zu Wort. Die Künstlerin wirkt bei diesen Auftritten immer quirlig, doch das, was sie sagt – der Inhalt – bleibt nicht hängen. Reine Show! Und ein grundlegender Fehler. Wer sehr schnell spricht, kann kaum eine gute Beziehung zu seinen Zuhörern aufbauen. Das Publikum fühlt sich »überschüttet« und kann sich noch dazu Inhalte schlecht merken, wenn Informationen wie Zahlen, Daten, Fakten und Beispiele zu schnell hintereinander kommen.

»Sprechen Sie doch einfach langsamer.« Dieser Rat ist schwer umzusetzen. Was Sie aber machen können, sind bewusst längere Pausen. Zuhörer sind dankbar für Pausen, da sie das Gehörte so besser verarbeiten können. Nichtsdestotrotz sollten Sie versuchen, Ihr Tempo zu zügeln. Sprechen Sie langsamer, können Sie auch pointierter Gesten und Gesichtsausdrücke einsetzen. Sprechen Sie sehr schnell, dann verfallen Sie ebenso schnell ins Nuscheln, stolpern über Ihre eigenen Wörter, Ihre Armbewegungen wirken hektischer oder verarmen und Ihre Gesichtsausdrücke wechseln rasch. Das sorgt für eine unruhige Atmosphäre. Versuchen Sie also bewusst, stehende Gesten einzusetzen und klar und deutlich zu artikulieren, um Ihr Sprechtempo zu zügeln und nicht hektisch und gestresst zu wirken.

Ein Tipp: Atmen Sie vor dem Sprechen bewusst in die Bauchregion und atmen Sie dann lange aus. Auch während des Sprechens sollten Sie auf Ihre Atmung achten. Dadurch entstehen automatisch wohltuende Pausen, die Sie als Momente der Orientierung nutzen können. Sind Sie in Videokonferenzen angespannt, aufgeregt oder gar empört, dann holen Sie sich mit einem tiefen Atemzug wieder in einen ruhigeren Zustand zurück. Auch mental können Sie Ihr Tempo reduzieren. Sie kennen den alten Spruch: »In der Ruhe liegt die Kraft.« Strahlen Sie Ruhe aus, dann entsteht schneller eine angenehme Atmosphäre. Visualisieren Sie, wie Sie innerlich ruhig, gelassen und entspannt sind.

---

oder besorgen Sie sich von der Stimmkoryphäe das Buch »Die Macht der Stimme: Mehr Persönlichkeit durch Klang, Volumen und Dynamik«. Viel Spaß beim Vokal- und Konsonantentraining!

Natürlich kann ein hohes Tempo beim Sprechen ab und an spritzig und inspirierend sein. Es muss aber zum Thema und zur Emotion passen. In diesem Fall ist ein kurzer Rhythmuswechsel durchaus erlaubt.

Checkliste für eine gute Stimme

- Schütteln oder klopfen Sie sich aus, um locker zu werden!
- Atmen Sie bewusst in den Bauch. Kontrollieren Sie mit der flachen Hand am Bauch, ob sich die Bauchdecke hebt. Machen Sie dann Ihre Lunge leer, also vollständig ausatmen!
- Zeigen Sie Haltung! Öffnen Sie den Resonanzraum durch eine aufrechte Haltung.
- Ölen Sie Ihre Stimme. Trinken Sie genug!
- Finden Sie Ihre Stimmlage mit einem einfachen »Mmhh«.
- Summen Sie die Tonleiter rauf und runter.
- Her mit den Vokalen! Sprechen Sie fünf Mal nacheinander klar die Vokale »A, E, I, O, U«.
- Artikulieren Sie sauber. Öffnen Sie den Mund, um klar zu sprechen.
- Legen Sie bewusst Sprechpausen ein!
- Variieren Sie die Sprechhöhe, um Dynamik in Ihre Sprache zu bringen.

Nonverbale Zeichen – Ich sehe, was du meinst

Videokonferenzen sind auch für mich oft noch sehr ermüdend und ich frage mich: Warum ist das eigentlich so? Es gibt viele Komponenten, die zu dieser Erschöpfung beitragen, zum Beispiel die virtuelle Distanz, die Technik, die Umgebung und die leichte Zeitverzögerung. Was uns allen aber in dieser Situation wohl am meisten fehlt, ist die besondere Atmosphäre eines Face-to-Face-Gesprächs, sprich die direkte Begegnung, das Handschütteln, der bewusste Blickwechsel und alles andere, was zu einem Gesamteindruck beiträgt. Außerdem können wir die Körpersprache unserer Gesprächspartner via Bildschirm viel schlechter einschätzen. Wir sehen nur einen Teil des Körpers, meist einen riesigen Kopf und höchstens einen Teil des Schultergürtels – das war's. Zudem ist ein echter Augenkontakt schwierig, denn wenn wir auf den Bildschirm schauen, blicken wir nicht in die Kamera, und wenn wir in die Kamera schauen, sehen wir nicht die Augen des Gegenübers. Die Kommunikation in der digitalen Welt ist anders. Das muss aber kein Nachteil sein. Auch die wenigen sichtbaren Körperteile geben noch ausreichend Auskunft.

Wie Sie Ihr Gegenüber »lesen«

Was sollten Sie alles im Blick behalten, um eine klare Aussage über Ihren Gesprächspartner treffen zu können?*

Erkennen Sie die Baseline

Jeder Mensch ist einzigartig und hat seine individuelle Wirkung und sein individuelles Verhalten – der Fachausdruck dafür ist die »Baseline«. Um diese zu erkennen, sollten Sie die Körpersprache Ihres Gesprächspartners genau unter die Lupe nehmen. Richten Sie den Fokus in einer Videokonferenz auf die sichtbaren Körperteile, zum Beispiel: Gesichtsausdruck, Blick, Mundstellung, Kopfhaltung, Schultergürtel. Achten Sie auch auf die Atmung, die Gesichtsfarbe, die Stimmlage usw. Der große Vorteil in Videokonferenzen: Sie können Ihr Gegenüber ausführlich mustern und beobachten. Und dennoch fühlt sie oder er sich nicht angestarrt. In einem persönlichen Gespräch wäre das unmöglich.

Bleiben Sie bei aller Konzentration locker und entspannt und sorgen Sie dafür, dass auch Ihr Gesprächspartner sich wohlfühlt. Ich bin sicher, dass Ihnen bald erste körpersprachliche Merkmale auffallen. Haben Sie sich die Grundhaltung eingeprägt, dann steigen Sie über diesen Aspekt ein: Wann verändert der Gesprächspartner seine Körperhaltung? Bei welchen Argumenten, Punkten, Vorschlägen? Danach hinterfragen Sie körpersprachliche Merkmale. Doch fokussieren Sie sich dabei nicht nur auf eine oder zwei Besonderheiten. Erst das Erkennen von mehreren Signalen für ein bestimmtes Gefühl führt zur richtigen Wahrnehmung.

Verändert sich während des Gesprächs die entschlüsselte Baseline,

---

* Noch ausführlicher gehe ich in meinem Booklet »Körpersprache wirkt« (GABAL 2019) auf diese Themen ein.

dann sollten Sie aufmerksam sein. Hat Ihr Gegenüber zum Beispiel seine Aussagen immer mit den Händen unterstrichen und plötzlich bemerken Sie keine Gesten mehr, kann das auf eine wachsende Anspannung hindeuten.

Erkennen Sie Cluster

Verschränkte Arme bedeuten Desinteresse. Greift sich jemand an die Nase, dann lügt er. Zeigt er mit dem Zeigefinger, dann droht er. Das ist zu einfach gedacht. Sie wissen ja: Ein einzelnes Signal hat keine Aussagekraft. Ebenso wenig, wie sich aus einem Wort der Inhalt eines Satzes ergibt. Signale müssen häufiger oder in Kombination mit anderen auftreten. Wenn das der Fall ist, können Sie darin sogenannte Cluster erkennen. Das sind Ansammlungen von verschiedenen Gesten, Gesichtsausdrücken und Bewegungen. Mithilfe dieser Cluster wird es Ihnen gelingen, die Körpersprache Ihres Gegenübers angemessen zu entschlüsseln.

Echtes Interesse zeigt sich beispielsweise darin, dass Ihr Gesprächspartner seine Augenbrauen immer wieder leicht nach oben zieht, Ihnen ständigen Blickkontakt schenkt und sich Ihnen mit dem ganzen Körper zuwendet, während seine Mimik dabei entspannt wirkt. Beobachten Sie jedoch in einem virtuellen Meeting, dass der Kunde häufiger auf die Uhr schaut oder länger seitlich wegblickt, den Oberkörper von Ihnen abwendet und seine Schulter frontal dem Bildschirm zuwendet, sind auch diese Signale relativ deutlich. Beenden Sie in diesem Fall möglichst schnell die Konferenz, denn Ihr Kunde hat offensichtlich kein Interesse oder keine Zeit mehr.

Erkennen Sie universelle Signale

Es gibt körpersprachliche Signale, die bei allen Menschen ähnlich beziehungsweise identisch sind. Emotionen sind universell und damit international verbreitet. Wir kennen acht universelle Emotionen: Fröhlichkeit, Ekel, Verachtung / Zynismus, Angst, Überraschung, Traurigkeit, Sorge sowie Wut. Für jede dieser Emotionen gibt es typische Signale. Presst jemand zum Beispiel beide Lippen zusammen und eine tiefe Falte zwischen den Augenbrauen wird sichtbar, ist garantiert Wut oder Zorn im Spiel. Hebt eine Person die Schultern an, um ihren empfindlichen Halsbereich zu schützen, ist ihr Kopf starr und bewegen sich nur noch die Augen, kann man davon ausgehen, dass sie ängstlich ist oder zumindest in diesem Moment Angst hat. Je besser Sie diese universellen Signale zuordnen können, desto eher können Sie auch fremde Menschen einschätzen – auch wenn Sie über den Bildschirm noch mehr Distanz zu ihnen haben. Mehr zu den universellen Emotionen finden Sie unter der Überschrift »Die Sprache der Emotionen«.

Setzen Sie Signale in den Kontext

Stellen Sie sich vor, Sie sitzen in einem Videomeeting und gähnen plötzlich und strecken Ihre Arme nach vorne. Was wird Ihr Team wohl denken? Vermutlich, dass Sie die Vorschläge Ihrer Leute langweilig finden oder dass Ihnen das Meeting zu langatmig ist. Was keiner weiß: Sie haben einen Langstreckenflug hinter sich und kämpfen nur gegen den Jetlag an. Eine kurze Erklärung zu Beginn der Videokonferenz hätte dieses Missverständnis aufgelöst und Ihre Gesten in ein völlig anderes Licht gerückt!

Körpersprache fällt auch in unterschiedlichen Situationen unterschiedlich aus, abhängig von gesellschaftlichen und beruflichen Normen, kulturellen Gepflogenheiten, Geschlecht und Erwartungen der Zuhörer, Mitarbeiter und Kollegen. So werden Sie sich als Führungskraft in Ihrer Firma anders verhalten und bewegen als in einem fremden Unternehmen. Mit einem gleichrangigen Kollegen werden Sie anders sprechen als mit einer Person, die einen untergeordneten Status hat. Je nach Situation passt sich auch Ihre Körpersprache an. Und das ist in virtuellen Situationen nicht anders.

Gehen wir nun ins Detail. Legen wir den Fokus auf die Teile und Signale des Körpers, die Sie in Videokonferenzen wahrnehmen und auch erahnen können: Augenkontakt, Kopfhaltung, Sitzhaltung, Gesten. Körpersprache und Gedanken sind eine Einheit. Was ein Mensch in seinem Inneren spürt, das zeigt sich auch in seiner Körpersprache. Man muss nur genau hinsehen.

Was können Sie aus der Körpersprache des Gegenübers schließen? Achtung! Weil es eine der wichtigsten Regeln ist, hier noch einmal: Ein einzelnes Signal hat null Aussagekraft. Erst wenn Sie mehrere Signale für eine Emotion wahrnehmen, dann ist eine Interpretation erlaubt.

Die Sprache der Emotionen

Schauen wir uns nun die häufigsten Emotionen an, die universell gültig sind. Erkennen Sie diese Emotionen, dann haben Sie auch die Chance, entsprechende Rückschlüsse zu ziehen.

Alle Menschen – egal welcher Nation oder Kultur – kommen mit den bereits erwähnten acht universellen Emotionen und den damit verbundenen Gesichtsausdrücken auf die Welt: Fröhlichkeit, Ekel, Zynismus / Verachtung, Angst, Überraschung, Traurigkeit, Sorge und Wut. Diese Mikroausdrücke dauern 120 bis 125 Millisekunden – einen Lidschlag lang – und können nicht bewusst kontrolliert werden. Allerdings bieten Videokonferenzen natürlich die Möglichkeit, Gespräche aufzuzeichnen und sich diese noch einmal in Slow Motion anzusehen.

Die meisten Reaktionen treten rund um die Augen und den Mund auf. Blicken Sie bei Ihren entscheidenden Fragen oder Darstellungen direkt in das Gesicht Ihres Gegenübers und nehmen Sie dort ein imaginäres Dreieck ins Visier, bei dem die Spitze nach unten gerichtet ist. Das bedeutet, Sie richten Ihren Fokus auf die Augen und den Mund. So erkennen Sie die wichtigsten Mikroausdrücke, die auf den berühmten Emotionsforscher Dr. Paul Ekman (2016) zurückgehen.

Fröhlichkeit

Wer lacht, ist fröhlich, findet etwas lustig oder fühlt sich richtig wohl (Bild Nr. 38). Doch Fröhlichkeit kann auch vorgetäuscht werden – zum Beispiel, weil dieses Verhalten vom unserem Umfeld erwartet wird. Wir täuschen also häufig Fröhlichkeit vor, obwohl wir jemandem nicht zustimmen oder etwas gar nicht witzig finden. Bestimmt haben auch Sie schon einmal angestrengt über einen schlechten Witz gelacht oder gute Laune nur vorgetäuscht. Auf der anderen Seite kann es auch vorkommen, dass in bestimmten Situationen ein Lächeln über das Gesicht einer Person huscht, in denen es nicht angebracht ist – zum Beispiel, wenn sie schadenfroh ist.

Ekel

Diese Emotion ist leicht zu erkennen, da ein großer Bereich des Gesichtes mimisch involviert ist. Ein Mensch, der sich ekelt, hebt die Oberlippe und seine Mundwinkel ziehen sich nach unten. Ein weiteres charakteristisches Merkmal sind die Falten rund um die Nase (Bild Nr. 39). Äu-

38

Ein echtes Lachen erkennen Sie an den Lachfalten rund um die Augen.

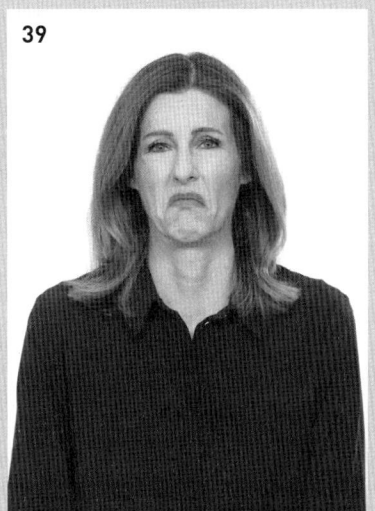

39

Zieht jemand die Mundwinkel nach unten und rümpft die Nase, dann ekelt er sich.

ßert sich ein Kollege zum Beispiel in einem Videomeeting sehr positiv über eine Person aus dem Team und Sie bemerken gleichzeitig einen leichten Ausdruck von Ekel in seiner Mimik, dann entspricht das Gesagte wahrscheinlich nicht so ganz seiner wahren Meinung.

Zynismus

Verachtung macht sich meist in der unteren Gesichtshälfte bemerkbar und betrifft vor allem den Mundbereich. Eine Seite der Lippe zieht sich dann nach oben (Bild Nr. 40). Wunderbar beobachten können Sie diese Mimik in Talkshows. Ein Gast äußert seine Meinung zu einem bestimmten Thema und sein Counterpart zieht währenddessen verächtlich seine Lippe nach oben. Vermutlich denkt er sich gerade: »Du hast ja keine Ahnung, wovon du sprichst. Ich aber sehr wohl.« Auch in größeren Videorunden kann es vorkommen, dass sich jemand auf diese Weise »verrät«.

40

Bemerken Sie ein süffisantes Lächeln und ein Mundwinkel zieht sich nach oben, verbirgt sich dahinter Zynismus.

41

Angst zeigt sich, wenn die Augen »groß« werden und sich der Mund verkrampft in die Weite zieht.

Angst

Jeder von uns kennt diese Emotion und mit Sicherheit war Ihnen auch schon einmal buchstäblich die Angst ins Gesicht geschrieben – sei es bei einem besonders gruseligen Film oder in Situationen, in denen Sie sich unwohl fühlten. Empfindet eine Person Angst, dann ziehen sich beide Augenbrauen nach oben und zusammen. Die unteren Augenlider sind angespannt und die Lippen ziehen sich etwas verkrampft in der Horizontale Richtung Ohren (Bild Nr. 41).

Traurigkeit

Ist jemand traurig, verliert seine Mimik generell an Spannung. Seine Augenbrauen sinken nach unten und auch die Mundwinkel ziehen sich leicht nach unten. Zusätzlich haben wir das Gefühl, der Blick der traurigen Person geht ins Leere (Bild Nr. 42).

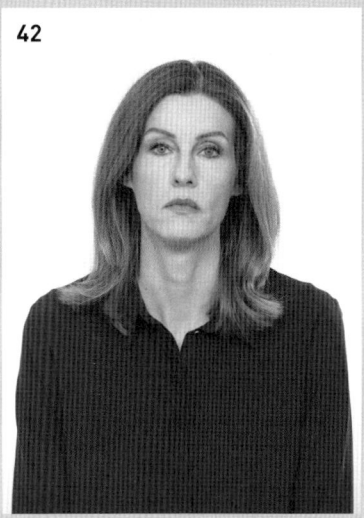

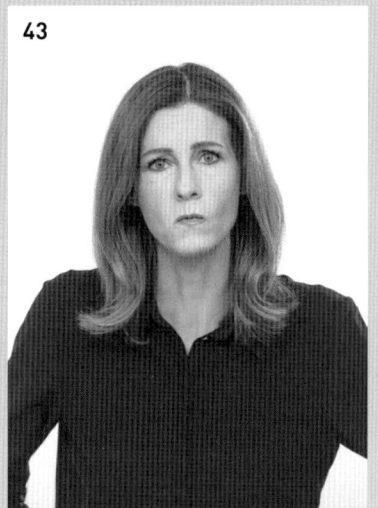

Wenn die gesamte Mimik leblos erscheint, ist das ein Zeichen von Traurigkeit.	Schmale, zusammengepresste Lippen und eine Zornesfalte sind deutliche Hinweise auf Wut.

Wut

Wut oder Zorn fühlt der Mensch oft instinktiv, da bei dieser Empfindung automatisch das Kampf- oder Fluchtverhalten aktiviert wird. Sagt Ihr Geschäftspartner nach einer mit harten Bandagen geführten Verhandlung zu Ihnen: »Ich bin Ihnen sehr dankbar für das großzügige Angebot«, dann agieren Sie am besten schnell, denn wer weiß, wie er reagiert, wenn sich seine innere Wut doch noch Bahn bricht. Wut oder Zorn erkennen Sie daran, dass sich die Augenbrauen senken, die berühmte »Zornesfalte« zwischen den Augenbrauen sichtbar wird und die Lippen verblassen, weil Ihr Gegenüber sie aufeinanderpresst. Noch dazu beginnen seine Augen zu glänzen und sind sehr fokussiert (Bild Nr. 43).

Sorge

Sorgt sich ein Mensch, dann ist ein charakteristisches Merkmal das waagerechte Kräuseln in der Mitte der Stirn (Bild Nr. 44). Erzählen Sie Ihrer Mutter über Skype, dass es in Ihrem Job gerade sehr turbulent zugeht

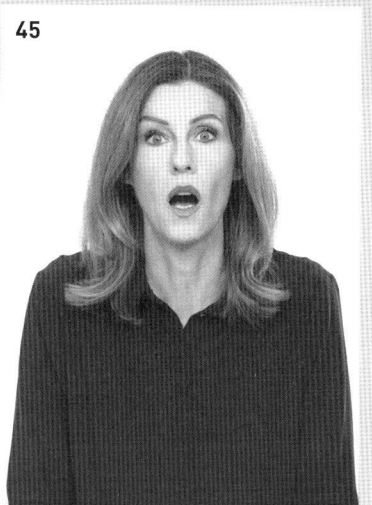

Verwechseln Sie Sorge nicht mit Trauer. Sorge erkennen Sie an der Spannung in der mittleren Stirnregion.

Fällt der Kiefer nach unten, dann ist jemand offensichtlich überrascht.

und die Geschäftsleitung wohl eine große Umstrukturierung plant und Sie bemerken Sorgenfalten auf ihrer Stirn, dann macht sie sich ehrlich Gedanken und bringt auf diese Weise ihre Empathie zum Ausdruck.

Überraschung

Wenn sich beide Augenbrauen nach oben, aber nicht wie beim ängstlichen Gesichtsausdruck zusammenziehen, ist das ein Zeichen von Überraschung. Die Augen werden »riesig«. Manchmal fällt auch der Kiefer nach unten (Bild Nr. 45). Handelt es sich um eine positive Überraschung und Ihr Gegenüber freut sich wirklich, werden die Krähenfüße rund um die Augen sichtbar. Anders im negativen Fall: Wenn Sie Ihrem Liebsten per Facetime von Ihrer unverhofften Beförderung erzählen, die die Beziehung zu einem vollständigen Living Apart Together mutieren lässt, und Sie hören ein »Wow, ich freue mich sehr für dich« – sehen aber gleichzeitig die negative Überraschung des Partners, die länger als eine Sekunde dauert –, dann empfindet er wohl das genaue Gegenteil. Überraschung gehört übrigens zu den Mienen, die oft vorgetäuscht werden – zum Beispiel, wenn eine Person ein Geschenk erhält, von dem sie schon längst wusste.

Alarmsignale

Treten Divergenzen – also Disharmonien – im Gespräch auf, sollten Sie den Fokus auf die Körpersprache legen. Denn dem Körper schenken wir häufig mehr Glauben als Worten. Welche Verhaltensweisen Ihrer Gesprächspartner sollten Sie hellhörig machen? Wenn es zum Beispiel darum geht, eine Unwahrheit zu erkennen, sollten Sie auf typische »Alarmsignale« achten.

Grundsätzlich ist es ja so, dass die Körpersprache vor dem Wort steht. Echte Gefühle zeigen sich also vor gesprochenen Aussagen. Ist der zeitliche Ablauf andersherum, sollten Sie aufmerksam sein. Stellen Sie sich vor, Sie sprechen auf Webex mit einer potenziellen Kundin. Sie begrüßen sich und die Kundin sagt:»Ich freue mich sehr, dass die Videokonferenz heute stattfindet.« Doch erst nach den Begrüßungsworten erscheint ein Lächeln auf ihrem Gesicht. Die Wahrscheinlichkeit, dass die Kundin flunkert, ist in diesem Fall relativ groß. Wäre ihre Empfindung aufrichtig, hätte sie schon vor der verbalisierten Wertschätzung gelächelt.

Ein anderes Alarmsignal sind starke Gefühlsschwankungen. Stellen Sie sich vor, Sie müssen einen bestimmten Sachverhalt genau abklären und möchten in einem Videomeeting überprüfen, ob alle Fakten auf den Tisch gelegt wurden. Während des gesamten Gesprächs bemerken Sie bei Ihrem Gegenüber starke Gefühlsschwankungen: ein lachendes Gesicht, das von einer eher ausdruckslosen Mimik abgelöst wird, dann weit aufgerissene Augen – und so weiter. In so einem Fall sind Zweifel an der Ehrlichkeit Ihres Gegenübers berechtigt. Der Grund: Untersuchungen haben ergeben, dass Lügner stärkeren Gefühlsschwankungen ausgesetzt sind als ehrliche Personen. Erfahrene Lügner und viele in der Öffentlichkeit stehende Personen wissen das und versuchen deshalb, ihre Emotionen zu kontrollieren. Doch dauerhaft ist das nicht zu schaffen.

Woran erkennen Sie noch, ob ein Gefühlsausdruck echt oder vorgespielt ist?

- **Asymmetrie:** Gespielte Gesichtsausdrücke sind asymmetrischer als echte. Doch Achtung: Kein Gesicht ist absolut symmetrisch, also ist eine bestimmte Asymmetrie ganz normal.
- **Bestimmte Muskelbewegungen fehlen:** Bei manchen Emotionen gibt es Muskelbewegungen, die nur schwer bewusst ausgeübt werden können. Ein Beispiel: das echte oder das falsche Lächeln. Beim echten Lachen werden die Ringmuskeln rund um das Auge aktiviert.
- **Dauer:** Emotionen, die zu lange dauern oder zu spät kommen.

Blickkontakt

Der Augenkontakt oder Blickkontakt ist zentral für den Aufbau von Beziehungen. Um Blickkontakt zu simulieren, müssen wir in die Linse der Webkamera blicken, wenn wir mit jemandem sprechen. Haben Sie das schon einmal versucht? Dann wissen Sie, wie anstrengend das über einen längeren Zeitraum ist. Die meiste Zeit schauen wir mitten auf den Bildschirm bzw. auf die Fenster mit unseren Gesprächspartnern oder wir sehen uns selbst an. Für die anderen wirkt das, als würden wir herunter-, hinauf- oder vorbeischauen – je nachdem wie der Laptop positioniert ist. Ist der Blick stattdessen fokussiert nach unten oder oben gerichtet, gilt das als Signal, dass jemand aktiv zuhört.

Doch das irritiert uns. Die meisten von uns haben gelernt, dass eine Vermeidung des Blickkontakts eher Täuschung bedeutet. Intuitiv gedacht, macht das auch Sinn. Menschen, die sich schämen, verlegen sind oder unter einer hohen kognitiven Belastung stehen, vermeiden Blickkontakt. Doch aktuelle Studien zeigen, dass es keine Verbindung zwischen Lügen und der Häufigkeit des Blickkontakts gibt. Tatsächlich verstärkt sich die Intensität des Blickkontakts bei Lügnern (Mann 2012).

Smartphone-Blick

Bemerken Sie, dass der Blick Ihres Gesprächspartners sich für längere Zeit nach unten richtet und die Augen quasi verschlossen wirken, dann ist das ein Zeichen dafür, dass er wohl mit etwas anderem beschäftigt ist (Bild Nr. 46). Er liest in Unterlagen, die auf dem Tisch liegen, oder schaut auf sein Tablet oder Smartphone. Senkt jemand während des Sprechens sehr häufig den Blick nach unten oder seitlich nach unten, kann das jedoch auch ein Zeichen für Unsicherheit sein. Blick jemand demon-

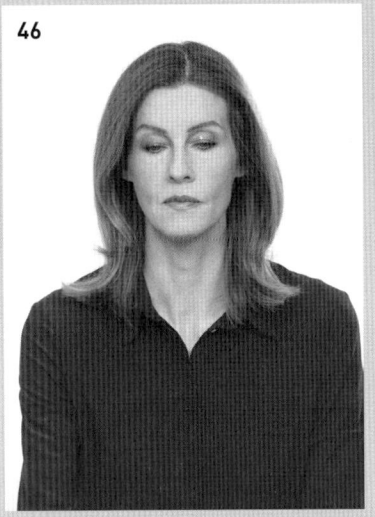

Der länger anhaltende »Smartphone-Blick« verrät, dass Ihr Gesprächspartner wohl anderweitig beschäftigt ist.

Ein seitlicher Blick kann ein Ausdruck von Geringschätzung oder Misstrauen sein.

strativ nach unten und hebt die Augenbrauen, ist das möglicherweise ein Zeichen von Provokation und Ignoranz.

Der unkonzentrierte Blick

Blickt Ihr Gesprächspartner in alle Richtungen und nur selten konzentriert auf den Bildschirm, zeugt dieses Verhalten von Ungeduld.

Der konzentrierte Blick

Starrt jemand dagegen fast durchgängig auf den Bildschirm und kneift leicht die Augen zusammen, sodass die Zornesfalte sichtbar ist, ist das ein Zeichen für höchste Konzentration. Diese Person ist voll bei der Sache.

Die zusammengepressten Augenlider

Eine weitere Variante in puncto Blickverhalten ist das längere Zusammenpressen der Augenlider. Menschen machen das häufig, wenn sie massiv erschreckt werden. Das Schließen der Augenlider soll den empfindlichen Augapfel vor Gefahr schützen, psychologisch gesehen will man sich außerdem vor der Realität verschließen. Im Fall virtueller Kommunikation könnte der Grund jedoch schlicht der sein, dass das permanente Starren auf den Bildschirm für trockene Augen sorgt. Ein bewusstes Schließen der Augenlider hilft dann dabei, die strapazierten Augen wieder zu befeuchten.

Der schräge Blick

Blickt jemand schräg von der Seite und zieht eine Augenbraue nach oben oder rollt gar mit den Augen, kann das ein Zeichen von Geringschätzung, Ablehnung oder Misstrauen sein (Bild Nr. 47).

Der müde Blick

Je nachdem, wie weit die Augenlider geöffnet sind, lässt sich daraus auf das das aktuelle Aufmerksamkeitspotenzial des Gesprächspartners schließen. Offene, wache Augen signalisieren Interesse und hohe Aufmerksamkeit. Gesenkte Augenlider zeugen von Ermüdung und geringer Aufmerksamkeit. Achtung bei natürlich hängenden Augenlidern: Der Blick wirkt automatisch müde, doch dafür verantwortlich ist nur der Überschuss an Haut.

Der starre Blick

Was macht ein Reh, wenn es frontal angeblendet wird? Es erstarrt. Auch wir Menschen fallen in eine Schockstarre, wenn etwas Unverhofftes passiert. Der Blick ist starr und friert ein. Ein starrer Blick kann aber auch das Zeichen für eine Angriffsreaktion sein. Aggressivität wird sichtbar.

Der attraktive Blick

Den Saft von Belladonna, der schwarzen Tollkirsche, träufelten sich früher Frauen in die Augen, damit ihre Pupillen groß wurden. Das galt damals als klassisches Attraktivitätsmerkmal. Der Hintergrund: Pupillen vergrößern sich bei Interesse und Sympathie, aber auch bei Schreck. Im Fall von Desinteresse oder Ablehnung verkleinern sich die Pupillen. Diese Reaktionen sind weitgehend unabhängig von der Lichteinstrahlung.

Achtung, Kopfhaltung

Allein durch die Kopfhaltung vermittelt jemand mehr über sich, als ihm vielleicht lieb ist. Selbst kleinste Kopfbewegungen geben Aufschluss darüber, wie aufmerksam jemand einem Gespräch folgt. Beobachten Sie einmal die Kopfhaltung Ihrer Gesprächspartner in Videokonferenzen. Wer ab und an nickt, stimmt dem Gesagten zu. Wer jedoch permanent nickt, möchte selbst zu Wort kommen. Eine gerade Kopfhaltung zeugt von Selbstsicherheit und Offenheit (Bild Nr. 48). Hebt jemand das Kinn nach oben, so könnte es ein Zeichen von Arroganz sein (Bild Nr. 49). Ein zur Seite geneigter Kopf hingegen deutet auf eine harmonische Beziehung zum Gegenüber hin. Diese Person vertraut Ihnen (Bild Nr. 50).

Achten Sie bewusst auf Inkongruenzen bei den Kopfbewegungen. Bemerken Sie, dass jemand verbal zustimmt, doch der Kopf macht eine verneinende Bewegung, dann glauben Sie besser dem Körper.

Gesten – die schwer kontrollierbaren Körpersignale

Was verraten Gesten über einen Gesprächspartner? Mehr als die meisten glauben. Joe Navarro, ein ehemaliger FBI-Agent, sieht die distalen Bereiche, also Hände und Füße, als äußerst verräterisch an. Beobachtungen haben ergeben, dass diese Partien kaum dauerhaft zu kontrollieren sind und vieles über den Gesprächspartner preisgeben.

Da Füße in Videokonferenzen in der Regel nicht sichtbar sind, schauen wir uns die geheime Botschaft der Arm- und Handgesten einmal genauer an.

Adaptive Reaktionen

Schwindeln Menschen oder stehen sie unter hoher und steigender Anspannung, dann tendieren sie zu sogenannten adaptiven Reaktionen (oder Selbstberuhigungssignalen). Jemand kratzt sich zum Beispiel häufiger am Kopf oder streicht sich immer wieder über den Unterarm. Solche Reaktionen sollte man unterlassen und kontrollieren, da sie immer negativ wahrgenommen werden.

48	49	50
Eine gerade Kopfhaltung signalisiert Kompetenz.	Ist das Kinn angehoben, kann das ein Zeichen von Arroganz sein.	Neigt jemand den Kopf, lässt das auf Vertrauen schließen.

Mit den Fingern trommeln

Bemerken Sie, dass jemand im Meeting mit den Fingern trommelt oder unkoordiniert mit einem Gegenstand spielt, dann kann das ein Signal für Ungeduld oder Nervosität sein. Manchmal handelt es sich auch um eine bewusste Provokation.

Das Spitzdach – die gefalteten Hände

Formt jemand mit beiden Händen ein Dach auf dem Tisch, dann ist das ein Zeichen von Konzentration, es kann aber auch eine Demonstration gefühlter Überlegenheit sein.

Hand oder Zeigefinger vor dem Mund

Legt jemand den Zeigefinger oder die gesamte Hand über den Mund, dann möchte er das Ausgesprochene zurücknehmen oder er hält sich bewusst zurück und spricht seine Meinung nicht aus (Bild Nr. 51). Liegt jedoch der Zeigefinger seitlich am Kinn, dann zeugt das eher von ehrli-

51

Liegt der Zeigefinger vor dem Mund, dann wird wohl etwas zurückgehalten.

52

Liegt der Zeigefinger seitlich am Kinn, ist das ein Zeichen von Interesse und Selbstsicherheit.

chem Interesse (Bild Nr. 52). Streicht jemand mit Daumen und Zeigefinger ein paar Mal über das Kinn, dann heißt das: »Hm, darüber muss ich nun nachdenken.«

Hände hinter dem Kopf verschränken

Tja, diese Position kennen wir von typischen Bossen. Sie lehnen sich zurück, verschränken die Hände hinter dem Kopf und demonstrieren so ihre grenzenlose Souveränität und Überlegenheit. Achtung: Diese Gesten macht man auch mal kurz, wenn man sich strecken will (Bild Nr. 53).

Kopf auf die Hand stützen

Legt jemand den Kopf in eine oder gar beide Hände, dann ist bereits die sogenannte Zoom-Fatigue eingetreten. Müdigkeit oder Langeweile bzw. Desinteresse machen sich breit. In manchen Fällen kann diese Geste aber auch etwas anderes signalisieren, zum Beispiel: »Ich denke darüber nach.« Dann geht der Blick häufig seitlich nach oben.

Die verschränkten Hände hinter dem Kopf signalisieren Überlegenheit.

Kratzt sich jemand am Kopf, könnte das ein Zeichen von Ratlosigkeit sein.

Hände reiben

Wurde ein Projekt erfolgreich abgeschlossen oder man freut sich einfach auf ein kommendes Ereignis, dann reibt man oft unbewusst die Hände. Es ist ein Zeichen von Freude, demonstriert aber auch Selbstzufriedenheit.

Am Kopf kratzen

Reibt sich jemand am Kopf, kann das ein Signal für Ratlosigkeit oder Unsicherheit sein – ebenso, wenn er mit den Fingern häufiger das Gesicht berührt (Bild Nr. 54). Unterlassen Sie solche Hand-Gesichts-Berührungen am besten ganz, denn sie wirken in den meisten Fällen negativ.

Verschränkte Arme

Das Verschränken der Arme bedeutet Unsicherheit und Ablehnung? Ein klares Nein! In den meisten Fällen ist es nur eine bequeme Haltung oder ein Signal des Abwartens. Das Verschränken der Arme ist für viele Menschen quasi eine Grundhaltung. Spannend wird diese Geste, wenn sie zum Beispiel abrupt nach einer bestimmten Aussage erfolgt. Dann kann sie ein Zeichen von Ablehnung oder Desinteresse sein. Frauen verschränken ihre Arme häufiger bei Unsicherheit oder Ängstlichkeit, um ihren verwundbaren Bereich, den Bauchraum, zu schützen.

Sitzhaltung

Es gibt eine ganze Reihe interessanter Sitzhaltungen – da hätten wir die Schreibtischlümmler, die Motivationsunterversorgten, die Erhabenen, die ADHS-Befallenen, die Hochengagierten und ja, auch die Gelassenen. Diese Sitzhaltungen verraten einiges über das Gegenüber.

Schauen Sie sich einfach die Fotos an und schon wissen Sie das nächste Mal, mit welcher Sitzpersönlichkeit (und folglich, mit welchem Aktivitätsgrad) Sie es zu tun haben – und das, obwohl Sie nur den Oberkörper sehen!

Crashkurs Körpersignale

Körpersignal	Mögliche Bedeutung
Direkter Blickkontakt	Selbstbewusstsein, Sicherheit, Interesse
Ausweichender Blick	Abneigung, Unsicherheit
Gerade Kopfhaltung	Selbstsicherheit
Erhobene Kopfhaltung	Arroganz
Geneigter Kopf	Vertrauen, Sympathie
Aufeinandergepresste Lippen	Ablehnung
Locker aufeinanderliegende Lippen	Offen, aufnahmebereit
Schnute, »Kussmund«	Prüfend, abwägend
Zurückgelehnter Oberkörper	Ablehnung, Distanzwunsch, Selbstbewusstsein

55

Die Schreibtischlümmler

56

Die Motivationsunterversorgten

57

Die Erhabenen

58

Die ADHS-Befallenen

59

Die Hochengagierten

60

Die Gelassenen

Körpersignal	Mögliche Bedeutung
Vorgebeugter Oberkörper	Interesse, Aufmerksamkeit
Vor der Brust verschränkte Arme	Abwarten, bequeme Haltung, Distanzwunsch
Offene Armbewegungen	Sicherheit, Selbstbewusstsein
Hände geballt	Wut, Zorn, Entschlossenheit
Hände halten einen Gegenstand	Angespanntheit, Nervosität
Aufrechte (jedoch nicht steife oder starre) Körperhaltung	Selbstbewusstsein, Sicherheit
Kratzende oder reibende Selbstberührungen	Unsicherheit, Nervosität

Das ist nur eine kleine Auswahl an körpersprachlichen Signalen, die uns etwas über unsere Gesprächspartner verraten und sie damit für uns besser einschätzbar machen – und die uns etwas darüber sagen, wie ernst sie oder er es mit der Wahrheit meint. Um diese Signale und verräterischen Merkmale zu erkennen und zu erlernen, bedarf es eines ausgiebigen Trainings. Aber es lohnt sich und wird Ihre Souveränität in jedweder beruflichen Situation erhöhen.

3. On air – Authentisch und überzeugend wirken auf dem Bildschirm

»Die Angst lähmt nicht nur, sondern enthält auch
die unendliche Möglichkeit des Könnens,
die den Motor menschlicher Entwicklung bildet.«
Søren Kierkegaard, dänischer Philosoph

Gelassenheit überzeugt – Tipps und Tricks, um mit Lampenfieber und Nervosität umzugehen

Wenn Sie vor einer Onlinepräsentation oder einem virtuellen Vortrag das Gefühl haben, dass Sie vor Anspannung gleich in die Luft gehen oder dass Sie einer Situation nicht gewachsen sind und alles in einem Desaster enden wird – machen Sie sich nichts daraus. Warum? Nervosität beflügelt uns, setzt Adrenalin frei und bringt unseren Körper auf Trab. Natürlich sind die vielfältigen individuellen Symptome der Nervosität unangenehm und verwirrend. Wir atmen schneller und der Blutdruck steigt. Wir haben kalte und feuchte Hände und uns bricht der (Angst-)Schweiß aus. Das Gesicht verliert seine Farbe, der Mund ist trocken, und das resultiert häufig in einem bleiernen, ängstlichen Gesichtsausdruck. Unsere Stimme klingt abgehetzt, monoton, stockend oder piepsig und zeugt keinesfalls von Souveränität. Der berühmte Kloß im Hals veranlasst uns zu ständigem Räuspern. Und so weiter …

Die gute Nachricht: Gerade dank dieser Anspannung sind wir in diesem Moment in der Lage, außerordentliche Leistungen zu vollbringen. Fehlt nämlich jegliche Nervosität und herrscht keine körperliche Spannung vor, dann ist uns eine Sache egal und wir wirken wenig bis gar nicht motiviert, lustlos oder sogar deprimiert. Wenn Sie sich also einmal die Vorteile von Nervosität vergegenwärtigen, können Sie Lampenfieber und dessen unangenehme Symptome in Zukunft vielleicht mit anderen Augen betrachten und lernen, damit zu leben.

Lampenfieber ist vergleichbar mit Angst. Und Angst entsteht in Situationen, die von Unsicherheit geprägt sind – in Situationen also, die uns nicht bekannt sind und außerhalb dessen liegen, woran wir in unserem alltäglichen Leben gewöhnt sind. Ermutigen Sie sich deshalb immer wieder dazu, etwas Neues auszuprobieren, denn das bedeutet in jedem Falle Fortschritt – auch wenn dabei mal ein Unterfangen nicht auf Anhieb gelingt oder Sie sich eine Niederlage eingestehen müssen. Auch diese Erfahrungen bringen Sie weiter! Also: Welche Situationen und Ereignisse sind es, die bei Ihnen Aufregung und ein mulmiges Gefühl hervorrufen? Nutzen Sie diese ab sofort im positiven Sinne. So lässt sich übrigens auch die Annäherung an die neuen virtuellen Formen der Kommunikation und Präsentation als positive Herausforderung sehen!

So normal und altbekannt das Phänomen des Lampenfiebers also ist, so vielfältig sind auch seine Spielarten. Je nachdem zum Beispiel, wie gewohnt bzw. ungewohnt die Situation ist. Präsentiert beispielsweise die Abteilungsleiterin eines größeren Unternehmens häufig vor Kollegen, empfindet sie diese Situation auch in einer Videokonferenz höchstwahrscheinlich als relativ normal und ist kaum noch aufgeregt. Muss sie jedoch vor den Vorständen präsentieren, wird auch ihre Angstkurve nach oben steigen.

Die wichtigste Regel im Umgang mit Lampenfieber: Je öfter Sie der Angst die Stirn bieten, desto selbstbewusster werden Sie. Weil Sie bei jedem Mal klarer erkennen, dass nichts passiert und Ihre Angst völlig unbegründet ist. Den Idealzustand haben Sie erreicht, wenn Ihnen vor Präsentationen und Vorträgen ein kleiner Rest an Aufregung geblieben ist, denn dann ist Lampenfieber ein regelrechtes Aufputschmittel, das die eigene Aufmerksamkeit und damit die Qualität des Vortrags steigert.

Die besten Tipps gegen Lampenfieber*

Eins vorweg: Das ultimative Mittel gegen Lampenfieber gibt es nicht. Allerdings gibt es eine Menge Methoden, Übungen und Tipps, um die eigene Aufregung und Nervosität auf ein erträgliches Maß zu reduzieren und Lampenfieber souverän zu meistern.

Denken Sie daran: Eine gute Vorbereitung hält Lampenfieber in Schach und gibt Sicherheit, die optimale Basis für einen selbstsicheren Vortrag. Es lohnt sich also, hier möglichst viel Zeit zu investieren. Damit Sie wissen, wie Sie in einer Onlinepräsentation wirken, bietet es sich beispielsweise an, sich beim Üben zu filmen, um sich diese »Generalprobe« anschließend mit Freunden und Bekannten anzuschauen und zu analysieren. Zusätzlich können Sie sich aus den folgenden Tipps die für Sie beste Strategie zusammenstellen.

Spickzettel erlaubt

Endlich dürfen Sie ohne schlechtes Gewissen spicken. Ein Stichwortzettel (maximal in DIN-A5-Größe) mit den wichtigsten Punkten gibt Ihnen Sicherheit, auch wenn Sie ihn gar nicht brauchen. Optimal eignen sich übrigens Moderationskarten, denn aufgrund der Festigkeit des Papiers sieht man ein eventuelles Zittern nicht. Achten Sie darauf, immer nur kurz auf Ihre Notizen zu schauen und sich dann beim Sprechen wieder voll und ganz Ihrem virtuellen Publikum zuzuwenden.

Die unsichtbare Aufregung

Sie fühlen einen Kloß im Hals, Ihre Wangen glühen und Sie sind sich sicher, dass die Zeichen Ihrer Nervosität auch sonst keinem entgehen, egal ob Ihr Publikum direkt vor Ihnen sitzt oder »nur« zugeschaltet ist. Falsch gedacht. Von Ihrer »großen« Aufregung nehmen die anderen gerade mal ein Achtel wahr – wenn überhaupt. Wenn wir glauben, dass unser Gesicht rot ist wie eine Tomate, nimmt Ihr Gegenüber vermutlich eine gesunde Gesichtsfarbe wahr.

---

* Noch mehr Tipps gegen Lampenfieber finden Sie in meinem Buch »Körpersprache. Macht. Erfolg« (GABAL 2019)

Tief durchatmen

Bewusstes Atmen gehört zu den effektivsten und schnellsten Methoden, den eigenen Puls zu senken und damit auch der Aufregung entgegenzuwirken. Wichtig: Atmen Sie durch die Nase ein und durch den Mund aus. Zählen Sie beim Ein- und Ausatmen jeweils etwa bis acht.

Rituale geben Sicherheit

Wiederkehrende Rituale und Gewohnheiten geben uns automatisch Sicherheit. Kreieren Sie also Ihre ganz persönlichen Rituale: eine bestimmte Musik, die Sie kurz vorher hören, ein glücksbringendes Accessoire, das Sie bei jeder Präsentation begleitet. Seien Sie fantasievoll!

Musik in den Ohren

Nichts kann so schnell und so intensiv Emotionen hervorrufen wie Musik. Nutzen Sie diesen Effekt und hören Sie vor einer Präsentation oder einem Onlinemeeting, das Sie moderieren, genau die Musik, die Ihre Stimmung hebt. Singen Sie am besten kräftig mit – das lockert schon mal Ihre Stimmbänder.

Lockerungsübungen gegen Verspannung

Lampenfieber führt nicht nur zu einer geistigen Anspannung, sondern auch zur Verspannung des Körpers. Machen Sie sich also unbedingt vorher locker. Lassen Sie den Kopf kreisen, heben und senken Sie die Schulterpartie und massieren Sie sanft und mit Bedacht Ihre Gesichtsmuskulatur. Achten Sie darauf, dass Ihre Kamera bei all diesen Lockerungsübungen noch nicht eingeschaltet ist. ;-)

Stimmgewaltig werden

Haben Sie eine zittrige Stimme? Dann betreiben Sie Stimmpflege: Husten Sie kräftig, nehmen Sie einen Schluck Wasser und summen Sie damit ein Lied. Je länger, desto besser.

Schneller Entspannungstrick

Spannen Sie Ihren gesamten Körper zehn Sekunden lang kräftig an – dann lassen Sie wieder locker. Wiederholen Sie diese Übung zehnmal und Sie werden die Entspannung deutlich spüren.

Glücksrausch gefällig?

Das Glückshormon Serotonin können wir für eine Präsentation oder einen Vortrag gut gebrauchen. Essen Sie deshalb vor dem Vortrag eine Banane, Schokolade oder Nüsse. Das beruhigt und gibt Ihnen ein gutes Gefühl.

Positive Erinnerungen aktivieren

Um sich vor einer Onlinepräsentation positiv zu programmieren, rufen Sie sich ein Erlebnis in Erinnerung, das Sie beflügelt und angenehme Gefühle in Ihnen auslöst. Gehen Sie es im Detail durch und erleben Sie es im Kopf noch einmal: Was haben Sie gesehen, gehört, gespürt, gerochen, geschmeckt? Je konkreter Sie sich mit dieser Erinnerung beschäftigen, desto weniger kommen Sie auf die Idee, sich wegen Ihres Vortrages verrückt zu machen.

Horrorszenarien ausmalen

Paradoxerweise funktioniert bei manchen Menschen auch das Gegenprogramm. Stellen Sie sich so genau wie möglich den schlimmsten Fall vor, der eintreten könnte: dass Sie sich total verhaspeln oder die anderen Teilnehmer nur noch ein eingefrorenes Standbild von Ihnen sehen, weil die Technik verrückt spielt. Je intensiver Sie sich mit diesem mehr als unwahrscheinlichen Horrorszenario konfrontieren, desto weniger werden Sie sich konkret davor fürchten, dass es eintritt.

Blackouts meistern

Trotz optimaler Vorbereitung und verschiedener Beruhigungsstrategien kann es vorkommen, dass der Kopf Ihnen einen Streich spielt und Ihren Onlinevortrag mit einem kleinen Blackout sabotiert. Trotzdem kein Grund, in Panik zu verfallen, denn wenn Sie sich nichts anmerken lassen, wird das Publikum nichts von Ihrem Aussetzer mitbekommen. Der beste Trick, um flüssig weiterzumachen: Wiederholen Sie den letzten Satz, was durchaus ein rhetorisches Mittel sein kann. Oder stellen Sie eine Frage, um Zeit zu gewinnen.

Digitale Empathie – Mit 0 und 1 fühlen lernen

»Tschüss, Wartezimmer« und »Hallo, Telemedizin«! Virtuelle Gespräche finden in mehr und mehr Bereichen statt. Was früher undenkbar war, ist jetzt für viele schon normal. Eine Fachärztin berät einen Patienten einfach und schnell per Videogespräch. Kennt sie den Patienten bereits und sind es einfache Beschwerden, dann klappt das hervorragend. Schwieriger wird es bei diffusen körperlichen Symptomen, wo der direkte Kontakt eine Diagnose deutlich leichter macht. Auch psychologische und psychotherapeutische Videositzungen werden immer häufiger angeboten – ein sensibler Bereich, der viel Empathie erfordert. Manche Therapeuten klagen, dass sich eine Verbindung zum Klienten auf diesem Weg sehr viel schwerer aufbauen lässt.

Viele neue Möglichkeiten haben sich auch im Bildungsbereich (Schulen, Universitäten, Volkshochschulen) etabliert. Die Umstellung auf Distanzunterricht hat vielerorts erstaunlich schnell und erstaunlich gut funktioniert. Viele Lehrkräfte in Schulen haben aber auch festgestellt, dass sie beim Fernunterricht das Gespür für bestimmte Kinder verlieren und diese ihnen entgleiten. Und dann gibt es noch all die Führungskräfte und Mitarbeiter, die plötzlich vom Schreibtisch im Büro an den Esstisch in der Küche wechselten. Selbst wenn die technische Umstellung meist schnell erledigt war, blieb doch oft das Wirgefühl auf der Strecke.

Kein Wunder, handelt es sich doch bei all diesen Formen um eine »entkörperte Kommunikation«. Ein treffender Begriff des Psychiaters und Philosophen Thomas Fuchs, der außerdem argumentiert, dass Verständigung mehr sei als reiner Informationsaustausch. Wo immer Leben beteiligt sei am Prozess der Interaktion, gehe es auch um nicht konkret Fassbares. Eben dieses nicht konkret Fassbare erleichtert in einer Face-to-Face-Kommunikation den Informationsaustausch. Fällt es in digitalen Kanälen weg, sind vor allem die Zwischentöne in einem Gespräch viel schwerer zu erfassen.

Der Informatiker John Canny von der University of California in Berkeley fand in einer Studie heraus, dass Menschen nach Videoanrufen weniger Empathie für ihre Gesprächspartner zeigen. Versuchsteilnehmer, die nur das Gesicht einer Person in einem Videogespräch gesehen hatten, halfen dieser bei einer späteren, realen Begegnung seltener, einen heruntergefallenen Stift aufzuheben, als solche, die das Gegenüber zuvor schon persönlich getroffen und gesprochen hatten (2009).

Andere Studien zeigten, dass auch die Kooperationsbereitschaft und das Vertrauen in Videokonferenzen geringer sind (Lubahn 2020).

Spricht eine Person, so ist diese Aussage natürlich wichtig, doch eine Entscheidung treffen wir lieber, wenn das emotionale Empfinden Zustimmung erfährt. Und das geschieht nun mal über nonverbale Reize wie Körpersprache, Stimme, Gesichtsausdruck, Augenkontakt. All diese Dinge erfassen wir quasi nebenbei und sie entscheiden, wie wir die andere Person einschätzen und gleichzeitig auch die Informationen, die von dieser Person kommen. Das Wahrnehmen von Emotionen und Körpersprache ist der Schlüssel, um zu erahnen, was das Gegenüber fühlt. In Videogesprächen fällt diese nonverbale Rückkoppelung jedoch weg bzw. ist stark reduziert. Wie lässt sich dieses Defizit also lösen?

Empathie ist die Fähigkeit, Empfindungen, Emotionen, Gedanken und Motive einer anderen Person zu erkennen, zu verstehen und nachzuempfinden, kurzum sich einfühlen zu können.

Wir sollten uns bemühen, eine Art digitale Empathie zu entwickeln.

Erkennen Sie Ihre digitalen Defizite und entwickeln Sie einen Plan, wie Sie diese substituieren können. Haben Sie während Videokonferenzen oft ein Pokerface? Wenn ja, dann üben Sie einen expressiveren Gesichtsausdruck. Sind Sie nur mit Ihrem Selbstbild beschäftigt? Dann legen Sie den Fokus bewusst auf Ihr Gegenüber. Bei Empathie geht es um das Gegenüber! Wie fühlt es sich? Was geht in ihm vor? Was liegt ihm am Herzen?

Grundregeln der digitalen Empathie

- Bleiben Sie menschlich, zeigen Sie Gefühle.
- Kommunizieren Sie klar und strukturiert.
- Richten Sie Ihre volle Aufmerksamkeit auf das Gegenüber! Hören Sie auf seine Worte, sehen Sie seine Körpersprache.
- Paraphrasieren Sie: Versuchen Sie das Gehörte wiederzugeben. »Ich verstehe es so, dass Sie …«, »Sie meinen damit …«
- Smartphone weglegen und ausschalten. Konzentration auf das Videogespräch.
- Schweigen Sie und hören Sie zu.

- Sorgen Sie für einen ausgeglichenen Austausch mit allen Gesprächspartnern.
- Gewährleisten Sie digitale Benutzersicherheit.

Empathie beruht auf fünf Säulen

1. Präsenz: Im Moment sein. Voll und ganz in der gegenwärtigen Situation.
2. Wahrnehmung: Wie geht es dem anderen? Wie ist sein emotionaler Zustand? Die Körpersprache gibt uns Auskunft darüber. Wie ist die Gestik, die Mimik, die Stimme?
3. Verständnis: Warum geht es ihr oder ihm so? Was gibt die Person von sich preis? Was sind mögliche Ursachen, Motive oder Umstände?
4. Antizipation: Wie reagiert mein Gegenüber? Eher emotional oder eher rational?
5. Resonanz: Wie reagiere ich darauf? Bin ich rücksichtsvoll? Habe ich die passenden Worte? Die entsprechende Körpersprache? Wie handle ich?

Schauen wir uns die einzelnen Säulen detaillierter an:

1. Präsenz – Bin ich fokussiert?

Präsenz ist eine Frage Ihrer Präsentation. Wir präsentieren uns immer, die Frage ist nur: Wie? Präsenz ist Anwesenheit – körperlich und vor allem geistig. Menschen, die uns fesseln, haben Präsenz. Sie geben uns das Gefühl, dass sie nur für uns da sind. Wir scheinen ihnen wichtig zu sein. Dies ist der Schlüssel: Jeder Mensch möchte wichtig erscheinen, wahrgenommen und gehört werden. Denken Sie an den inzwischen schon recht betagten Dalai Lama. Menschen, die dem religiösen Führer begegnet sind, zeigen sich beeindruckt von der liebenswürdigen, interessierten Art des Buddhisten. Für einen Augenblick scheint es da eine Verbindung zwischen ihnen und dem Dalai Lama zu geben.

Nun trifft dieser Mann im Laufe eines Jahres Tausende von Menschen, wie kann er da jedem seine Aufmerksamkeit schenken? Durch Blickkontakt, ein Lächeln, ein kurzes Hochziehen der Augenbrauen. Diese Art von Präsenz verlangt eine gelassene Konzentration auf den

Augenblick, auf das momentane Ereignis, die Situation, das Gegenüber. Im Hier und Jetzt und nicht gedanklich schon beim nächsten Termin sein, bei den Hausaufgaben der Kinder, der Netflix-Serie.

So erreichen Sie mehr Präsenz

- Schalten Sie die Pushnachrichten und Messengertöne Ihres Smartphones ab.
- Schalten Sie die Pop-up-Funktionen und Töne in Ihrem Mailprogramm aus.
- Bearbeiten Sie E-Mails und Smartphone-Nachrichten in größeren Abständen und dann verdichtet.

Sich nur auf sein Gegenüber konzentrieren. Sich für den Menschen interessieren, der gerade zugeschaltet ist. Ohren und Augen öffnen und vor allem das Herz. Nur so ist man in der Lage, andere wahrzunehmen, sie zu erkennen und zu verstehen. Dies mag idealisierend klingen, aber es soll zeigen, dass Präsenz keine reine Shownummer ist. Es gehört die Überzeugung dazu, dass andere Menschen es wert sind, sich mit ihnen zu beschäftigen. Sei es im Extremfall auch nur für diese eine Videokonferenz.

Menschen, die immer voll und ganz da sind für uns. Jeder von uns kennt solche besonderen Menschen. Die Lieblingslehrerin damals? Der Großvater? Die neue Abteilungsleiterin? Das zeigt, Präsenz ist kein Monopol der Berühmten, Mächtigen und Schönen. Wir alle können damit Beziehungen und Kontakte verbessern, auch digital. Aber auch eine echte, glaubwürdige Präsenz erfordert Übung. Zum Beispiel durch Meditation. Sie müssen darin kein Meister werden. Aber schon kurze, geführte Meditationen lehren uns, den Moment zu umarmen. Es gibt viele gute Apps dazu und es genügt, mit fünf Minuten zu starten.

Ich persönlich habe die Erfahrung gemacht, dass ich keinen Drang hatte, die Meditation regelmäßig durchzuführen. Doch als ich es nicht mehr tat, merkte ich, dass sie mir fehlte. So integrierte ich sie in meinen Alltag: kurz vor einem Abflug, im Zug, zur Erholung nach einem intensiven Seminar, vor dem Schlafengehen, nach dem Aufwachen – kurze Gelegenheiten gibt es viele. Erkennen auch Sie Ihre Lücken im Alltag. Und statt 15 Minuten stumpfem Social-Media-Scrollen bringt Ihnen eine kleine Meditationsübung so viel mehr, damit Sie Ihre Präsenz auch in virtuellen Meetings stärken und sich gleichzeitig selbst etwas Gutes tun.

2. Wahrnehmung – Wie wirkt mein Gegenüber nonverbal auf mich?

Ein wirkliches Wahrnehmen des Gegenübers will gekonnt sein und ist in den Formaten Videokonferenz, Videopräsentation etc. noch etwas schwieriger als bei einer persönlichen Begegnung. Sie wissen ja: Ein einziges Signal hat keine Aussagekraft. Um korrekt einen Rückschluss auf das Befinden und die Absichten Ihrer virtuellen Gesprächspartner zu ziehen, müssen Sie viele Faktoren im Fokus behalten: Baseline, Kontext, vegetative Reaktionen usw. Da dies von großer Bedeutung ist, gibt es zu diesem Punkt ein eigenes Unterkapitel in Kapitel 2: »Nonverbale Zeichen – Ich sehe, was du meinst«.

3. Verständnis – Warum geht es ihr/ihm so?

Sie liebte ihren Job. Sie liebte es, Menschen zum Lachen und zum Nachdenken zu bringen. In Flugzeug, Auto oder Zug zu sitzen und von Stadt zu Stadt zu reisen. »On tour« sein und Menschen bewegen – das war ihr geliebter Beruf. Hier tankte sie Energie und Ideen für neue Kabarettvorstellungen. Doch dann kam die Pandemie, dieses fiese kleine Virus, das die Veranstaltungsbranche zum Erliegen brachte. Ihr Job wurde ihr über Nacht unter den Füßen weggezogen. Alles, was sie sich mit viel Kraft, Hingabe und Liebe aufgebaut hatte, war plötzlich Vergangenheit und ihre Existenzgrundlage einfach weg. Ein Licht am Ende des Tunnels war nicht in Sicht.

Ihr Mann, ein erfolgreicher Unternehmer in der digitalen Branche, erlebte im Gegenzug den absoluten Aufschwung. Wenn sie Ängste plagten, sagte er immer wieder: »Mein Schatz, ja, es ist schwer. Wir haben aber ein schönes Haus in einer wunderbaren Stadt, verbringen nun mehr Abende miteinander und du weißt, ich kann locker für uns beide sorgen. Grüble doch nicht zu viel. Man kann eh nichts machen. Es ist, wie es ist. Wir schaffen das!«

Fazit: Sie fühlte sich genau genommen null verstanden. »Mit voller Hose stinkt sich's leicht«, war ihr heimlicher Gedanke in diesen Momenten. Ihr Mann meinte es gut, konnte ihre Lage aber nicht wirklich verstehen. Philosophisch betrachtet werden wir nie in der Lage sein, jemanden zu verstehen oder genau das zu fühlen, was in einem anderen vorgeht. Jeder macht unterschiedliche Erfahrungen und entwickelt somit ein anderes Wertesystem, das sich von unserem komplett unterscheiden kann.

Empathie erfordert, dass wir unser Denken, unsere Meinungen, unser Weltbild gezielt zur Seite legen und versuchen, die Erfahrungen anderer Menschen zu verstehen!

Für mein Gegenüber können ganz andere Aspekte wichtig sein als für mich. Ihnen muss also bewusst sein, dass es Dinge gibt, die für Ihr Gegenüber völlig belanglos sind, obwohl diese für Sie selbst großen Stellenwert haben, und andersherum. Es geht darum, herauszufinden, was dem anderen wichtig ist, wie er denkt und tickt, was ihn bewegt. Dieses Interesse sorgt für das Gefühl, verstanden zu werden. Der Versuch, in den anderen einzutauchen, Fragen zu stellen, nachzuhaken, ihn erzählen zu lassen und nicht immer Ratschläge zu geben, ist Teil einer empathischen Kommunikation. Es geht um aktives Zuhören! Aktives Zuhören ist laut Carl Rogers eine entscheidende Form der Empathie. Es suggeriert, dass wir verstehen möchten, was unser Gegenüber uns mitteilen möchte – hören zu wollen, was nicht ausgesprochen wird, und Motive und Emotionen zu begreifen.

Ein paar Minuten Stille

Bevor Sie ein wichtiges Gespräch führen, gönnen Sie sich ein paar Minuten der Stille und hören Sie in sich hinein: Was bewegt mich gerade? Wie fühle ich mich – und warum? Benennen Sie Ihre Stimmung, um sich leichter von Emotionen und Problemen lösen zu können. Der positive Effekt: Sie haben mehr gedanklichen Freiraum für Ihre Gesprächspartner. Für zusätzliche Tipps empfehle ich Ihnen den TED-Talk »The Power of Listening« des Anthropologen William Ury.

4. Antizipation – Wie wird mein Gegenüber auf mich reagieren?

Stellen Sie sich vor, Sie tauschen sich zweimal in der Woche zu einem festgelegten Zeitpunkt per Videokonferenz mit einem Ihrer Mitarbeiter aus. Er erscheint immer pünktlich, ist gut vorbereitet, ordentlich frisiert und anständig gekleidet. Doch eines Tages bleiben Sie allein im virtuellen Konferenzraum. Der Mitarbeiter taucht nicht auf. Sie schreiben eine SMS und dann meldet er sich. Doch er erscheint anders als gewohnt: ungekämmt, unrasiert, in einem zerknitterten T-Shirt. Ein Zustand, der großen Interpretationsspielraum bietet.

Fakt ist, Ihrer Erwartungshaltung wurde nicht entsprochen. Der Mitarbeiter erfüllte nicht seine übliche soziale Rolle – ein Begriff, der von dem Soziologen Erving Goffman stammt. Dieser vertrat die Meinung, dass wir immer eine positive oder negative Erwartungshaltung gegenüber anderen aufbauen. Diese Erwartungshaltung hängt von unseren sozialen Rollen und unserem äußeren Erscheinungsbild ab. Entspricht das Verhalten, die Wirkung einer Person nicht unserer Erwartung, unserer Antizipation, löst das eine irritierte Reaktion aus (2010).

Zur Empathie gehört neben dem Verstehen und Wahrnehmen auch die Bereitschaft, Reaktionen zu antizipieren. Man kann das auch als »vorausschauende Emotionsreaktion« betrachten. Wie wird der andere wohl reagieren? In unserem Beispiel sollten wir uns in den Mitarbeiter einfühlen und uns überlegen, wie wir möglichst sensibel auf seinen unerwarteten Zustand reagieren. Ironisch? Mit einem Witz? Rational oder emotional? Sachlich fragen, ob alles in Ordnung ist? Oder Kritik äußern? Welche Variante die beste ist, hängt ganz vom Typ des Gegenübers ab. Mit genügend Empathie wird Ihre Intuition Ihnen automatisch den richtigen Weg weisen.

5. Resonanz – Wie verbinde ich mich mit meinem Gegenüber und wie reagiere ich?

Meine »Hexe« – bürgerlich Frau Dr. Wolf – ist für mich vieles in einer Person: Allgemeinärztin, Seelsorgerin, Alternativmedizinerin und Ratgeberin. Sie ist nicht nur Ärztin, sondern auch Mensch, und verfügt über unheimlich viel Empathie. Das vermittelt sie auch in der digitalen Welt. Ich bin fast permanent unterwegs und wenn mich ein Wehwehchen plagt, dann klappt die Diagnose inklusive Genesung auch virtuell. Wie das funktioniert? Frau Dr. Wolf geht in Resonanz mit ihrem Gegenüber. Das schaffen alle guten Führungskräfte, Verkäufer, Mediziner und Freunde. Sie erzeugen durch ihr Verhalten Vertrauen, wirken überzeugend und begeisternd und man folgt ihnen gerne.

Natürlich ist es schwieriger, diese Empathie über virtuelle Kanäle aufzubauen, aber nicht unmöglich. Wollen auch Sie erfolgreich kommunizieren, dann müssen Sie mit Ihrem Gegenüber in Resonanz gehen, also zuerst eine Verbindung herstellen. Besteht keine Verbindung, dann erreichen wir nichts. Man nennt diese Technik auch »Rapport« oder »Chamäleon-Effekt«. Nonverbale Resonanz ist Macht! Dabei ist das Erzeugen von Resonanz – also auf einer »Wellenlänge« sein – ganz natürlich.

»In Resonanz gehen« wird durch verbale, vor allem aber durch nonverbale Gleichheit hergestellt. Passen Sie Ihre Körpersprache an die Situation und die Körpersprache Ihres Gesprächspartners an und verhalten Sie sich ähnlich. Üben Sie sich in einer synchronen Körpersprache. Das bedeutet, dass Sie sich Ihrem Gegenüber körpersprachlich annähern. Und das macht unwillkürlich sympathisch.

Menschen mögen Menschen, die wie sind? Genauso wie sie selbst! Oder sie mögen Menschen, die so sind, wie sie gerne sein wollen!

Diese meist unbewusst eingesetzte Spiegeltechnik umfasst das Nachahmen der Gesten, Gesichtsausdrücke, Körperhaltungen, Stimmlagen und Atemweisen des Gesprächspartners. Diesem Chamäleon-Effekt begegnen wir überall, wo Menschen auf einer Wellenlänge schwingen, in Verbindung stehen, sich vertrauen. Denken Sie an die typische Situation in einer Bar. Mit Sicherheit haben Sie schon beobachtet, dass Menschen, die sich mögen, sich unbewusst nonverbal synchronisieren: Lehnt der eine sich nach vorne, dann macht es auch der Gesprächspartner. Greift die eine Person zum Glas, dann macht ihr Gegenüber es auch. Nickt der eine, dann nickt der andere im gleichen Tempo …

Diese Technik können Sie auch bewusst einsetzen, um schneller eine positive, vertraute Beziehung zum Gesprächspartner herzustellen. Und ja, das funktioniert auch digital. Die Basis dafür ist der »Common Code Approach«. Nimmt man eine körpersprachliche Bewegung wahr, wird das motorische Zentrum im Gehirn implizit aktiviert, auch eine Bewegung bzw. eine Imitation auszuführen. Hinzu kommt der Umstand, dass wir diesbezüglich von Kopf bis Fuß konditioniert sind. Nehmen wir das Nicken. Nicke ich, dann bedeutet das Zustimmung. Imitiert nun mein Gegenüber dieses Nicken, dann sagt auch sein Gehirn »Ja«.

Resonanz?

Machen Sie den Test: Sitzen Sie schon längere Zeit in einer virtuellen Konferenz mit mehreren Teilnehmern, dann trinken Sie einen Schluck Wasser und beobachten anschließend das Verhalten der anderen. Es dauert vermutlich nicht lange, dann werden auch Ihre Gesprächspartner unbewusst zu ihrem Glas greifen und einen Schluck nehmen. Wenn das geschieht, sind Sie in digitaler Resonanz.

Im NLP (Neurolinguistisches Programmieren) wird ein 4-Stufen-Modell angewendet, um in Resonanz zu gehen / Rapport aufzubauen. Vereinfacht dargestellt können Sie nach folgendem Schema agieren:

◆ **Matching:** Die Körpersprache des Gegenübers wird bewusst wahrgenommen. Nun passt man die eigene Körpersprache zunächst zu maximal 50 Prozent der des Gesprächspartners an.
◆ **Pacing:** Körperhaltung, Gestik, Mimik, Stimme, Sprache werden immer stärker synchronisiert. Achtung: Respektvolles Agieren hat höchste Priorität.
◆ **Rapport:** Hier besteht mittlerweile fast vollständige nonverbale Symmetrie.
◆ **Leading:** Hier beginnt man, mit seiner Körpersprache die des Gegenübers zu führen.

Ein Beispiel: Zeigt Ihr Gesprächspartner bei einem Zoom-Meeting eine »Schreibtischlümmel-Haltung«, dann nehmen Sie zunächst durch Matching (Spiegeln) und Pacing (Angleichen) Kontakt mit ihm auf. Das geschieht durch das schrittweise Einnehmen einer ähnlichen Körperhaltung. Herrscht Resonanz, dann können Sie beginnen, ihn aus seiner allzu lässigen Haltung herauszuführen, indem Sie nach und nach eine positive, aktive Körpersprache einnehmen.

Die Regeln des nonverbalen Spiegelns:

- Niemals alles. Das ist Veräppeln.
- Selektiv spiegeln. Grundregel: Führen Sie nur das Verhalten aus, das zu Ihnen passt.
- Spiegeln Sie zeitversetzt – und nur wenn Sie zu sprechen beginnen. »Ja, wissen Sie ...« und gleichzeitig verändern Sie Ihre Körpersprache.
- Mit größtem Respekt und voller Achtung.

Was wären Beispiele für nonverbales Anpassen – OHNE »nachzuäffen«?

- **Körperhaltung:** Sitzt Ihr Gegenüber aufrecht, dann heben Sie das Brustbein an. Sitzt die Person hingegen sehr relaxt im Stuhl, dann entspannen Sie Ihren Oberkörper.
- **Gesten:** Spricht Ihr Kollege sehr expressiv und setzt dabei Gesten ein, dann führen auch Sie gezielte Gesten aus. Nimmt er sich eher zurück, dann reduzieren Sie Ihre Gesten.
- **Mimik:** Erzählt Ihre Gesprächspartnerin etwas voller Begeisterung, dann vermeiden Sie ein unbeteiligtes Pokerface.
- **Atmung:** Denken Sie an Menschen, mit denen Sie sehr eng und sehr verbunden sind. Haben Sie schon einmal bemerkt, dass Sie mit einigen von ihnen in positiv emotionalen Situationen gleich atmen? Nutzen Sie dieses Instrument auch in der Kommunikation mit anderen.

Mehr Empathie erreichen

Sie können an Ihrer Empathie arbeiten und diese trainieren. Dabei helfen die folgenden drei Übungen, die Sie mindestens eine Woche lang machen sollten. Fangen Sie am besten gleich damit an! Beim nächsten Telefonat, Videocall, Skypemeeting mit Freunden ...

Übung 1

Hören Sie aktiv zu!

Was meint der andere? Welche Gefühle entstehen bei ihm? Was ist ihm wichtig? Beobachten Sie seine Körpersprache!

Fragen Sie aktiv nach und paraphrasieren Sie!

So lernen Sie, die Welt des anderen zu sehen. Vergewissern Sie sich, dass Sie ihm auch folgen konnten. »Verstehe ich es richtig, dass ....« Fühlen Sie mit, aber LEIDEN Sie nicht mit!

Übung 2

Schwingen Sie sich körpersprachlich auf eine Wellenlänge ein. Nehmen Sie die Körpersprache des Gegenübers ein: ähnliche Haltung, gleiche Gesten, ähnlicher Gesichtsausdruck. Aber bitte alles zeitversetzt und äußerst dezent! Präsenz ist gefragt: Sie müssen im Hier und Jetzt sein und Ihrem Gegenüber das Gefühl geben, nur für es da zu sein.

Übung 3

Schlüpfen Sie in den Körper eines anderen Menschen. Während eines Videomeetings, in einer TV-Talkshow oder bei einer Online-veranstaltung. Suchen Sie sich eine Person aus und schlüpfen Sie in deren Körper. Plötzlich sind Sie zum Beispiel der 100 Kilo schwere Anzugträger, der sich in den engen Talkshow-Sessel quetscht, oder die euphorische Profirednerin auf der Bühne. Suchen Sie sich starke, schwache, dominante, liebevolle Menschen aus. Probieren Sie es unbedingt aus! So entwickeln Sie mehr Verständnis und bauen Vorurteile und Arroganz ab.

Checkliste digitale Empathie

◆ Identifizieren Sie Ihre digitalen Defizite: Wie wirken Sie in der virtuellen Welt? Kritische Selbstreflexion ist angesagt.
◆ Beachten Sie die fünf Säulen der Empathie: Präsenz, Wahrnehmung, Verständnis, Antizipation, Resonanz.
◆ Präsenz: Seien Sie körperlich und geistig vollständig anwesend.
◆ Wahrnehmung: Nehmen Sie Ihr Gegenüber bewusst wahr.
◆ Verständnis: Versuchen Sie, den anderen zu verstehen. Was sind seine Gründe und Motive? Wie sehen seine Umstände aus?
◆ Antizipation: Wie wird Ihr Gegenüber wohl reagieren?
◆ Resonanz: Verbinden Sie sich mit Ihrem Gegenüber auf einer Wellenlänge.

Du wirkst, wie du denkst – Mentale Strategien für mehr Wirkung vor der Kamera

Wenn wir denken und fühlen, tun wir das nicht als körperlose Wesen. Es findet vielmehr eine Wechselwirkung zwischen »innen und außen« statt. So beeinflusst unsere äußere Haltung unmittelbar unsere Stimmung, unsere Emotionen und Gedanken. Gleichzeitig wird unser Empfinden mehr oder weniger direkt durch unsere Körpersprache gespiegelt. Ein stolzer, selbstbewusster Mensch beispielsweise wird das auch in seiner Körperhaltung zum Ausdruck bringen· Er hält seinen Körper gerade und seinen Kopf aufrecht, er macht sich groß und bläht sich geradezu auf. Eine Person mit mangelndem Selbstbewusstsein dagegen geht eher klein und gebeugt durchs Leben.

Auch zahlreiche wissenschaftliche Studien bestätigen das: Gedanken und Körpersprache bilden eine Einheit und lassen sich nicht trennen. So wurde in einer experimentellen Untersuchung bewiesen, dass eine gekrümmte Sitzhaltung den Selbstwert verringert und den Stresslevel erhöht. Eine aufrechte Sitzhaltung führt in stressigen Situationen zu einer Aufrechterhaltung des Selbstwerts und reduziert negative Gefühle (Nair et al. 2015). Ebenso hat man festgestellt, dass das Kopfnicken in unserem Kulturkreis zustimmende Gedanken und ein Kopfschütteln ablehnende Gedanken erzeugt. Jede Körperhaltung hat also Einfluss auf unsere Gedanken, und jeder Gedanke spiegelt sich wiederum in unserer Körpersprache wider. Jede emotionale Erfahrung prägt sich tief in unsere Zellen ein. Dabei müssen wir nicht jede Handlung tatsächlich vollziehen, um ihre Folgen zu spüren. Schon die alleinige Vorstellung führt oft zu den entsprechenden Reaktionen. Stellen Sie sich zum Beispiel vor, Sie würden frisch gepressten Zitronensaft trinken. Spüren Sie, wie Ihnen – beim Gedanken an den extrem sauren Geschmack – das Wasser im Mund zusammenläuft?

Doch wie funktioniert der Zusammenhang zwischen Gedanken und Körper genau? Unsere Wahrnehmung beruht auf drei Säulen: Gefühl, Verstand und Intuition. Das Gefühl ist unsere Seele, der Verstand unser Denken und das intuitive Handeln unser Körper. Diese Komponenten sind im ständigen Wechselspiel: Sie können nicht fühlen, ohne zu denken, und auch nicht denken, ohne zu fühlen. Und vor allem können Sie nicht fühlen und denken, ohne eine entsprechende körperliche Reaktion zu zeigen. Alles, was uns im wahrsten Sinne des Wortes bewegt, wird unmittelbar mit gespeicherten Erfahrungen verglichen – rational mit dem bereits Gelernten, emotional mit den uns bekannten Gefühlen oder intuitiv mit dem globalen Wissen, das über den Verstand hinausgeht. Ein Gedanke erzeugt also einen körpersprachlichen Ausdruck, und eine bestimmte Körperhaltung kann im umgekehrten Sinne ein Gefühl oder einen Gedanken auslösen oder auch blockieren. Es ist ein Regelkreis, der immer geschlossen bleibt.

Wie intensiv die Kooperation von Kopf und Körper arbeitet und wie stark unser Alltag von dieser Wechselwirkung geprägt ist, zeigt allein ein Blick ins Lexikon für Redewendungen. »Das Herz hüpft mir vor Freude«, »Er trägt eine schwere Last auf den Schultern«, »Mir läuft die Galle über«, »Es liegt mir schwer im Magen« oder »Man hat ihm das Kreuz gebrochen«. Das sind nur einige Beispiele für unzählige geflügelte Worte, die beweisen, dass jeder Gedanke sich auf unseren Körper überträgt – im Fachjargon wird das Ideoplasie genannt.

Kleiner Selbsttest

Ist das Glas halb voll oder halb leer? Überprüfen Sie doch selbst einmal Ihre Denkweise. Gehören Sie zu den Negativ- oder zu den Positiv-Denkern? Sie wissen es nicht? Dann fragen Sie doch einfach Ihr Umfeld, denn Ihre Mitmenschen können Ihnen sicher auf Anhieb sagen, wie Sie auf sie wirken: Sind Sie tendenziell ein fröhlicher Mensch, der den Dingen optimistisch entgegenblickt? Oder werfen Sie schnell die Flinte ins Korn? Wofür diese Unterscheidung wichtig ist? Ganz einfach: Jeder Mensch ist sozusagen eine selbsterfüllende Prophezeiung. Wer von Nervosität redet, wird Nervosität empfinden.

Beweise gefällig? Dann machen wir zwei kleine Experimente: Stellen Sie sich vor, Sie erhalten eine schlechte Nachricht. Setzen Sie sich niedergeschlagen und völlig kraftlos hin. Ihr Brustkorb ist eingefallen, die Schultern hängen nach vorne. Sie neigen Ihren Kopf Richtung Boden, Ihre Mimik ist vollkommen leblos. Spüren Sie schon die imaginäre Last in Ihrem Nacken? Versuchen Sie nun, einen positiven Gedanken zu fassen – es wird Ihnen nicht gelingen.

Und jetzt denken Sie an Ihr Lieblingsessen: Rollen Sie mit hochgezogenen Augenbrauen Ihre Augen, schlecken Sie mit Ihrer Zunge über Ihre Lippen – so als wollten Sie genussvoll »Hmmm« sagen – und versuchen Sie nun, an etwas Negatives zu denken. Auch das wird Ihnen schwerfallen.

Fazit: Unsere Gedanken haben einen enormen Einfluss auf unsere Körpersprache und damit auf unsere Wirkung, den wir unbedingt nutzen sollten. Stichwort Mentalhygiene. Gute Vorbilder sind Spitzensportler, die sich auf jeden Wettkampf nicht nur körperlich, sondern auch mental intensiv vorbereiten und das Ziel vor ihrem geistigen Auge schon erreichen, bevor sie überhaupt gestartet sind. Ein Effekt, der genauso gut im alltäglichen Leben funktioniert: Mit ein wenig Mentalhygiene fühlen wir uns besser, strahlen automatisch mehr Kompetenz aus und bewältigen etwaige Nervosität effektiver. All das funktioniert und hilft auch in eher ungewohnten kommunikativen Situationen.

Keine Sorge: Auch wenn es sich zuerst vielleicht ein bisschen so anfühlt, als ob man sich selbst etwas vorspielt, wenn man bewusst eine glückliche oder selbstbewusste Körpersprache einübt – unsere Psyche stellt sich nach einiger Zeit auf den Körper ein und versetzt uns in eine positive Stimmung.

Gute Laune im Nu!

Klemmen Sie sich einen Stift zwischen die Zähne und halten Sie ihn, ohne dass Ihre Lippen ihn berühren (Bild Nr. 61). Was passiert? Genau! Ihre Mundwinkel zeigen nach oben, als ob Sie lächelten. Und schon wird sich infolge dieser Bewegung Ihre Laune verbessern.

Souveränität beginnt im Kopf

Wollen Sie also in einem Onlinemeeting ruhig und gelassen ein Konzept präsentieren, dann schalten Sie vorher Ihr Kopfkino ein und führen Sie sich genau diese Situation bis ins kleinste Detail vor Augen. Je präziser die Vorstellung, desto effektiver die positive Imagination. Auch ich nutze diese Technik vor jedem Vortrag, egal ob live oder digital. Zehn Minuten vor Beginn ziehe ich mich zurück und stelle mir exakt vor, wie ich mich in wenigen Minuten gelassen und selbstbewusst und mit einem Lächeln im Gesicht meinen Zuschauern präsentiere, bevor ich mit fester und tiefer Stimme beginne. Ich suggeriere mir schon im Vorfeld, dass ich langsam und zusammenhängend spreche, den roten Faden immer beibehalte und die Zuhörer begeistern kann. Dieser einfache, aber effektive Trick ist mein persönliches Ritual, damit ich mit einem guten Gefühl meinen Job machen kann.

Probieren Sie es doch selbst einmal aus! Und entdecken Sie dabei, was Sie fühlen, wenn Sie sich Ihre gewünschte Gemütsverfassung vorstellen: Vielleicht verändert sich Ihr Atem oder Ihr Temperaturempfinden. Oder Sie nehmen eine angenehme Leichtigkeit wahr. Sollte Ihnen diese Vorstellung partout nicht gelingen, dann rufen Sie sich eine emotional positive Situation ins Gedächtnis, in der Sie sich besonders gut gefühlt haben. Je besser Sie sich daran erinnern und je intensiver Sie dabei alle Sinne einsetzen, desto stärker werden die Veränderungen in Ihrer Körpersprache spür- und sichtbar werden. Wenn Ihnen das einmal gelungen ist, können Sie sich diese Erinnerung in Zukunft jederzeit ganz bewusst ins Gedächtnis holen und die entsprechenden Gefühle sowie den damit verbundenen positiven körperlichen Ausdruck hervorrufen.

61

So verbessert sich Ihre Laune!

Keine Chance für negative Gedanken

Ebenso wichtig wie der Umgang mit positiven Imaginationen ist der richtige Umgang mit negativen Gedanken. Verbannen Sie jegliche pessimistischen Szenarien aus Ihrem Kopf und programmieren Sie sich mental auf Erfolg. Sagen Sie sich innerlich: »Ich werde eine gute Präsentation abliefern, der alle gespannt folgen werden. Ich kann es. Ich bin gut vorbereitet. Ich werde langsam sprechen und völlig souverän wirken.«

Vermeiden Sie auch verneinende Gedanken, denn diese bewirken leider oft das Gegenteil. Der Vorsatz »Ich werde nicht gestresst sein« löst beispielsweise einen Anstieg des Adrenalinspiegels aus, statt beruhigend zu wirken. Der Grund: Unser Gehirn nimmt Negationen nicht wahr, sondern »hört« in diesem Fall nur das Wort »gestresst« – auf das es entsprechend reagiert.

Vertrauen Sie sich selbst

Auch Sie kennen bestimmt einen dieser Menschen, die scheinbar immer völlig souverän durchs Leben gehen und denen alles leichter zu fallen scheint als anderen. Die offenbar vor nichts Angst haben und jede Herausforderung mit Freude annehmen. Die mit fast allen Menschen gut klarkommen, Sympathien auf sich ziehen und kein Problem damit haben, mit anderen in Kontakt zu treten. Die ihre Ziele konsequent verfolgen, sich auch von kleinen Rückschlägen nicht entmutigen lassen und deswegen meist alles erreichen, was sie sich vornehmen.

Fragen Sie sich auch manchmal, was diese Menschen anders machen und was ihr Erfolgsgeheimnis ist? Die Antwort auf diese Frage ist leichter, als Sie vermutlich denken: Das, was alle diese Menschen gemeinsam haben, ist schlicht und einfach eine ordentliche Portion Selbstvertrauen. Sie glauben an sich und ihre Fähigkeiten. Sie vertrauen auf ihre Stärken und wissen, was sie leisten und erreichen können. Sie empfinden sich als sozial und emotional kompetent und können deswegen selbstsicher und authentisch auf andere zugehen. Kurzum: Selbstbewusste Menschen führen mit sich selbst eine Bilderbuchbeziehung, aus der sie ihre Kraft und Ausgeglichenheit schöpfen.

Mit einer guten Portion Selbstvertrauen leben Sie deutlich entspannter. Sie machen sich nicht mehr so viele Sorgen um eigentlich unwichtige Dinge und bekommen viel eher das, was sie wollen. Wer genügend Selbstvertrauen hat, kann auch Kritik positiv annehmen, sich konstruktiv wehren, ehrlich seine Meinung sagen, offen auf andere zugehen und sich auf seine Stärken konzentrieren. Menschen mit einem gesunden Selbstvertrauen haben nicht das übertriebene Bedürfnis, von allen anerkannt und gemocht zu werden. Es gelingt ihnen, souverän mit Ablehnung umzugehen, weil sie die Tatsache akzeptieren, dass man nicht von allen Menschen gemocht werden kann. Wer sich selbst vertraut, macht sein Glück nicht von anderen abhängig.

Die ersten beiden Schritte auf dem Weg zu einem selbstbewussteren Sein klingen einfacher, als sie vielleicht sind. Sich selbst erkennen und sich selbst mögen sind jedoch notwendige Voraussetzungen, um mehr Vertrauen in die eigene Persönlichkeit zu gewinnen und Unsicherheiten abzubauen. Eine logische Vorgehensweise, denn nur wenn wir wissen, wer wir sind, wissen wir auch um unsere Zweifel.

Wenn Sie sich beispielsweise nicht bewusst machen, dass Sie ein eher introvertierter Mensch sind, ist Ihnen vermutlich auch nicht klar, warum Sie sich in größeren Gesprächsgruppen meist unsicher fühlen. Wissen Sie aber zum Beispiel genau, dass Sie in Gesellschaft immer gerne zum »Entertainer« werden, können Sie den wahren Grund dafür ausmachen: Es kann daran liegen, dass Sie befürchten, sonst nicht wahrgenommen oder gemocht zu werden. Anders ausgedrückt: Wenn wir wissen, wie wir ticken, können wir auch einen Schritt weiter gehen und nach dem Warum fragen. Warum bin ich vor wichtigen Präsentationen oder Besprechungen so extrem nervös? Warum fällt es mir so schwer, Kritik zu üben oder anzunehmen? Warum kann ich mit kleinen Rückschlägen so schwer umgehen? Alles Fragen, auf die wir umso bessere und hilfreichere Antworten finden, je genauer wir uns und unsere Sonnen- und Schattenseiten kennen.

Der nächste Schritt besteht darin, uns selbst so anzunehmen und zu lieben, wie wir sind. Bleiben Sie sich selbst gegenüber immer fair und nachsichtig und sehen Sie Unsicherheiten oder Selbstzweifel nicht als persönliche Makel an, für die Sie sich schämen oder die Sie verbergen müssen. Erstens sind auch diese Aspekte ein Teil Ihrer Persönlichkeit und machen Sie als Individuum aus. Und zweitens hindert niemand Sie daran, Ihr Selbstvertrauen zu stärken und aufzubauen. Das funktioniert aber nur, wenn Sie positiv und optimistisch an die Sache herangehen. Wer sich selbst von vornherein als »Mängelexemplar« empfindet und quasi ständig versucht, »Schadensbegrenzung« zu betreiben, wird nicht weit kommen.

Betrachten Sie Ihre eigene Persönlichkeit mit all ihren kleinen Schönheitsfehlern, zu denen auch Unsicherheiten und Selbstzweifel gehören, stattdessen tolerant, liebevoll und als etwas Einzigartiges, können Sie sich daran machen, Ihr Ich zu schleifen und zu polieren. Dann sind Sie in der Lage, kleine »Unebenheiten«, die Sie stören, zu begradigen und so ein »rundes« Gesamtkunstwerk zu schaffen, mit dem Sie sich voll und ganz identifizieren können und mit dem Sie zufrieden sind.

Lächeln Sie sich fröhlich

Sie erinnern sich: Nicht nur unsere Gedanken beeinflussen unsere Körpersprache, umgekehrt können wir durch unsere Körpersprache auch unsere mentale Stimmung ändern. Indem wir also eine bestimmte Körperhaltung einnehmen oder unseren Gesichtsausdruck verändern, verändern sich auch unsere Gefühle.

Untersuchungen haben beispielsweise gezeigt, dass »Dauergrinser«, also Menschen, die häufiger mit erhobenen Augenbrauen durchs Leben laufen, deren Gesichtshaut strahlt und frisch wirkt, mehr Fröhlichkeit und Interesse ausstrahlen. Sie lachen mehr, sind kreativer und experimentierfreudiger. Dadurch knüpfen sie schneller Kontakte und verfügen über eine höhere soziale Akzeptanz. Somit ist es nicht verwunderlich, dass sie leichter die Karriereleiter emporklettern.

Ganz anders verhält es sich mit den »Augenbrauenrunzlern«, die den Mund und die Augenbrauen zusammenkneifen, deren Gesichtshaut fahl und ledrig wirkt und die stets einen scheinbar fokussierenden, kritischen Blick aufsetzen. Diese Mimik führt häufig dazu, dass sie weniger einfallsreich sind und die Dinge kritischer betrachten. Somit ist es auch verständlich, dass sie für ihren beruflichen Erfolg mehr arbeiten müssen. Auch ihre soziale Akzeptanz ist schwächer ausgeprägt, sodass sie über weniger soziale Kontakte verfügen.

Ein Aspekt, den wir vor allem in puncto digitale Kommunikation nie vergessen sollten: Ohne Gesprächspartner, die uns leibhaftig gegenüber sitzen, vergessen wir schnell mal, auf unsere Mimik zu achten, die durch den eingeschränkten Bildausschnitt umso entscheidender für die Atmosphäre im Meeting und unsere Ausstrahlung ist. Wir fühlen uns trotz der kleinen Gesichter auf dem Bildschirm weniger beobachtet und tendieren daher eher dazu, entweder einen völlig ausdruckslosen oder einen nachdenklich-kritischen Gesichtsausdruck aufzusetzen. Sollten Sie sich also wieder einmal dabei erwischen, dass Sie Ihre Augenbrauen zusammenkneifen, dann lockern Sie bewusst Ihre Gesichtsmuskeln! Auch diese Muskelpartien Ihres Körpers können ab und zu ein wenig Stretching vertragen.

Achten Sie besonders auf Ihren Mund, denn dieser Teil des Gesichts gibt am meisten Aufschluss über unsere Gefühle. Allein die Stellung der Mundwinkel gibt die gesamte Lebenseinstellung eines Menschen wieder. Hochgezogene Mundwinkel deuten auf eine positive Lebenseinstellung hin. Herabhängende Mundwinkel dagegen sind häufig Kennzeichen für Pessimismus. Erinnern Sie sich im Lauf eines Videomeetings also immer wieder einmal dran, Ihren Gesprächspartnern ein freundliches Lächeln zu schenken. Das kann Wunder wirken!

Fazit

Hätten Sie gedacht, dass sich die Kommunikations- und Arbeitsbedingungen innerhalb einer so kurzen Zeit so massiv verändern würden? Wir facetimen, zoomen, skypen nun mit Freunden, Geschwistern, Eltern und Großeltern. Wir nehmen an virtuellen Geburtstagspartys teil, besuchen einen Onlinekochkurs, ja, wir verfolgen sogar die Taufe eines neuen Erdenbürgers im Livestream.

Und auch die Arbeitswelt hat sich radikal verändert. Die Coronapandemie hat die New-Work-Trends immens beschleunigt. Über 30 Prozent der Arbeitskräfte arbeiten nun vollständig oder teilweise im Homeoffice oder mobil. Die Zahl der Dienstreisen wird in Zukunft sicherlich stark reduziert, Meetings werden in den virtuellen Raum verlegt, digitale Fortbildungen erleben einen Aufschwung, Telefonate werden zu Videocalls und Messen, Veranstaltungen und Events können nun auch virtuell besucht werden.

Viele haben – beruflich und privat – daran Gefallen gefunden. Das gilt sicherlich nicht uneingeschränkt, aber doch für einen Großteil der Menschen. Kein Wunder, ist es doch möglich, dank der neuen Wege und Methoden wesentlich flexibler zu agieren. Das Büro wird zu einem Ort, an dem man sich trifft, um kreativ zu arbeiten, am besten hybrid. So können diejenigen, die im Homeoffice arbeiten, auch zugeschaltet werden. Räume mit professioneller Streamingtechnologie und digitalen Whiteboards werden immer selbstverständlicher. Und das ist wohl erst der Anfang. Was aber haben all diese Bereiche gemeinsam?

»Und plötzlich ist die Kamera an …« wird selbstverständlich!

Technisch mögen Sie mit der Hard- und Software bereits gut ausgerüstet sein. Doch was nützt die beste Infrastruktur, wenn Sie dabei nicht gut wirken? Wenig bis nichts! Auf einem Video werden Ihr Verhalten, Ihre Wirkung und Ihre Körpersprache viel intensiver wahrgenommen. Die Folge eines unprofessionellen Auftritts: Ihre Videogesprächspartner beurteilen Sie mäßig oder sogar schlecht. Wer auf dem Bildschirm keinen souveränen und sympathischen Eindruck hinterlässt, wird weder wahrgenommen, noch gehört und leider auch oft falsch oder gar nicht verstanden. Ihre Wirkung in einem Video dominiert den Inhalt. Die Kunst besteht also darin, verbale und nonverbale Wirkungselemente zu verbinden, damit Sie kongruent, souverän und überzeugend wirken.

Nach dieser Lektüre sind Sie gut für die Wirkung in der digitalen Welt gewappnet. Mit einem gesunden Maß an Selbstreflexion, regelmäßiger Optimierung und Übung werden Sie der Videokonferenz-Erschöpfung ein Schnippchen schlagen. Der Stresslevel wird sich reduzieren. Die kognitiven Dissonanzen werden sich langsamer einstellen. Das Gefühl, performativ zu sein – unter Beobachtung zu stehen –, wird schwächer. Sie entwickeln die Haltung, dass Sie nun mit Ihrem Setting und Ihrer Wirkung einen professionellen Auftritt hinlegen und andere schneller für sich gewinnen und überzeugen. Und der wichtigste Faktor: Es wird Ihnen Spaß machen! All diese Möglichkeiten können vieles erleichtern – und dennoch sind wir menschliche Wesen, die den echten physischen Kontakt benötigen.

Literatur

Amon, I.: Die Macht der Stimme. Mehr Persönlichkeit durch Klang, Volumen und Dynamik, Redline 2016

Arthur, J.: Improve your Virtual Meetings, Independently published 2020

Canny, J., Nguyen, D.T.: More than Face-to-Face: Empathy Effects of Video Framing, Conference on Human Factors in Computing 2009, Boston 2009, unter: https://www.intermedia-cs.co.uk/wp-content/up-loads/2017/04/CHIempathy-09.pdf (abgerufen: 15.03.2021)

Chenga J.T., Tracy J.L., Henricha J.: Pride, personality, and the evolutionary foundations of human social status. In: Evolution and Human Behavior 31, 2010, S. 334–347

Dong-Sik, N.: Camera Acting – Das Schauspiel-Training, Herbert von Harlem Verlag, Köln 2019

van Edwards, V.: Captivate: The Science of Succeeding with People, Penguin, London 2018

van Edwards. V.: You are contagious, TED-TalkxLondon, 27.06.2017, unter: https://www.youtube.com/watch?v=cef35Fk7YD8 (abgerufen: 26.02.2021)

Ekman, P.: Gefühle lesen. Wie Sie Emotionen erkennen und richtig inter-pretieren, 2. Auflage, Springer Verlag, Berlin 2016

EPOSAUDIO: Understanding sound experiences (Verstehen, was man hort), 06.04.2020, unter: https://www.eposaudio.com/en/at/enterprise/insights/articles/understanding-sound-experiences (abgerufen: 07.11.2020)

Fraidenburg, M.: Mastering Online Meetings: 52 Tips to Engage Your Audience and Get the Best Out of Your Virtual Meetings, Independently published 2020

von Gehlen, D.: Zehn Lehren für bessere Videokonferenzen, politik & kommunikation, unter: https://www.politik-kommunikation.de/ressorts/artikel/zehn-lehren-fuer-bessere-videokonferenzen-470587543 (abge-rufen: 01.02.2021)

Goffman, E.: Stigma. Über Techniken der Bewältigung beschädigter Identi-tät, Suhrkamp, Frankfurt / Main 2010

Hansraj, K.: Assessment of stresses in the cervical spine caused by posture and position of the head. In: Surgical technology international, 25, 2014, S. 277–279

Heuser M., Abdelalem T.: Strategisches Management humanitärer NGOs, Springer Gabler, Wiesbaden 2018

Lubahn, B.: Hallo, verstehst du mich?, 27.05.2020, Zeit online, unter: https://www.zeit.de/2020/23/videotelefonie-kommunikation-beziehungen-kontakt-psychologie/komplettansicht (abgerufen: 14.11.2020)

Mann, S., Vrij, A., Leal, S., Granhag, P.A., Warmeling, L., Forrester, D.: Windows to the soul? Deliberate eye contact as a cue to deceit. In: Journal on Nonverbal Behavior, 36, 2012, S. 205–215

Nair, S., Sagar, M., Sollers, J., Consedine, N., Broadbent, E.: Do slumped and upright postures affect stress responses? A randomized trial. In: Health Psychology, Vol. 34, Nr. 6, Juni 2015, S. 632–641, doi: 10.1037/hea0000146

Navarro, J.: Menschen lesen. Ein FBI-Agent erklärt, wie man Körpersprache entschlüsselt, mvg, München 2011

Reichertz, J.: Widerworte gegen das Lob der Videokonferenzen (24.05.2020), SozBlog, unter: https://blog.soziologie.de/community/methoden-der-datenauswertung/widerworte-gegen-das-lob-der-videokonferenzen/ (abgerufen: 06.02.2021)

Richards, P.W.: The Online Meeting Survival Guide, Independently published 2020

Schoenenberg K., Raake A., Koeppe J.: Why are you so slow? – Misattribution of transmission delay to attributes of the conversation partner at the far-end. In: International Journal of Human-Computer Studies, Vol. 72, Nr. 5, Mai 2014, S. 477–487, unter: https://www.sciencedirect.com/science/article/abs/pii/S1071581914000287 (abgerufen: 07.02.2021)

Tiersky, H., Wisbach, H.: Impactful Online Meetings, Spiral Press 2020

Tracy, J.L., Matsumoto, D.: The spontaneous expression of pride and shame: Evidence for biologically innate nonverbal displays. In: PNAS, 19.August 2008, Vol. 105, Nr. 33, S. 11655–11660, unter: https://doi.org/10.1073/pnas.0802686105 (abgerufen: 06.11.2020)

Stichwortverzeichnis

Die Autorin

Monika Matschnig lebt, was sie lehrt. Die ehemalige Leistungssportlerin und diplomierte Psychologin ist seit fast 20 Jahren mit ihrem Unternehmen »Wirkung. Immer. Überall.« als führende Expertin für Körpersprache und Wirkungskompetenz international erfolgreich und wurde bereits vielfach ausgezeichnet. Ihre mitreißenden maßgeschneiderten und interaktiven Vorträge, Seminare und Coachings begeistern Teilnehmer in Präsenzveranstaltungen oder remote. Sie überzeugt durch ihre Eloquenz, durch  innovative Didaktik und nicht zuletzt durch fundiertes Fachwissen. Sie fungiert als Gastrednerin an mehreren Universitäten und ist gern gesehener Gast in TV-Talkrunden: Ihre pointierten Analysen von Prominenten, Politikern und Entscheidungsträgern werden geschätzt und zugleich gefürchtet. Zu ihren Kunden zählen Unternehmen, Manager, Führungskräfte und alle, die ihre Wirkung verbessern müssen.

www.matschnig.com

Dein Erfolg

Erprobte Strategien, die Ihnen auf dem Weg zum Erfolg hilfreiche Abkürzungen bieten.

Dein Erfolg

Tobias Beck
Unbox your Life!

ISBN
978-3-86936-869-6
€ 19,90 (D)
€ 20,50 (A)

Monika Matschnig
Körpersprache.
Macht. Erfolg.

ISBN
978-3-86936-906-8
€ 25,00 (D)
€ 25,80 (A)

Aaron Brückner
Sei der CEO deines Lebens!
ISBN 978-3-86936-907-5
€ 22,00 (D) / € 22,70 (A)

Cordula Nussbaum
LMAA
ISBN 978-3-86936-872-6
€ 17,00 (D) / € 17,50 (A)

Stephen R. Covey
Die 7 Wege zur Effektivität
ISBN 978-3-86936-894-8
€ 24,90 (D) / € 25,60 (A)

Max Finzel
Der Traum in dir
ISBN 978-3-86936-871-9
€ 19,90 (D) / € 20,50 (A)

Ilja Grzeskowitz
Radikal menschlich
ISBN 978-3-86936-870-2
€ 22,90 (D) / € 23,60 (A)

Friedbert Gay, Debora Karsch
Das persolog®
Persönlichkeits-Profil
ISBN 978-3-86936-929-7
€ 34,90 (D) / € 35,90 (A)

Alle Titel auch als E-Book erhältlich

gabal-verlag.de